Methods and Applications of Thematic Information Extraction from Street View Images

道路实景影像
专题信息提取方法及应用

刘扬　杜明义　高思岩　骆少华　张敏　周远洋　刘小玉　王鹏飞　贾竞珏　杨恒　著

WUHAN UNIVERSITY PRESS
武汉大学出版社

图书在版编目(CIP)数据

道路实景影像专题信息提取方法及应用/刘扬等著 . —武汉:武汉大学出版社,2021.8
ISBN 978-7-307-22472-8

Ⅰ.道…　Ⅱ.刘…　Ⅲ. 城市道路—影像地图—信息获取—研究
Ⅳ.TU984.191

中国版本图书馆 CIP 数据核字(2021)第 146675 号

责任编辑:杨晓露　　　责任校对:汪欣怡　　　版式设计:马　佳

出版发行:**武汉大学出版社**　　(430072　武昌　珞珈山)
　　　　(电子邮箱:cbs22@ whu.edu.cn 网址:www.wdp.com.cn)
印刷:武汉邮科印务有限公司
开本:787×1092　1/16　印张:9.75　字数:225 千字
版次:2021 年 8 月第 1 版　　2021 年 8 月第 1 次印刷
ISBN 978-7-307-22472-8　　定价:38. 00 元

前　言

自 20 世纪 60 年代世界上第一个地理信息系统诞生至今,已经过去了半个多世纪,其在国民经济发展和人民生活中发挥着越来越大的作用。地理信息本质上是关于自然、人文现象的空间分布的信息。传统的地理信息虽然可以展现出地理对象的空间位置、空间分布、空间形态等特征,但对于普通人的友好度还是有所欠缺。伴随着信息通信技术的飞速发展,移动测图系统产生的可量测实景影像作为新一代的地理信息产品,通过最直观的视觉感受,最真实的细节反映,为地理信息展现方式带来了一种革命性突破的同时,也为专题地理信息提取提供了一种崭新的方式。

近些年来,国内外在移动测图系统乃至道路实景影像相关应用等方面取得了许多宝贵的研究成果,涌现出大量文献,但由于系统介绍道路实景影像信息提取的理论、方法和应用的书籍非常少,使许多刚刚踏入这一研究领域的初学者感到一头雾水,学习起来困难重重,这也不利于道路实景影像相关研究和应用的进一步普及和深入发展。作者所在单位是国内最早引入移动道路测量系统的高校之一,在道路实景影像数据采集、信息提取、应用系统研发等方面进行了大量前期研究和项目实践,积累了丰富的工程应用经验。故而,作者在多年相关研究的基础上,结合国内外学者的典型研究成果著成此书。

本书主要介绍了道路实景影像专题信息提取相关技术、方法及应用。全书共分为 10 章,具体内容如下:

第 1 章主要介绍了移动测图系统产生的背景,移动测图系统、移动道路测量系统、道路实景影像等相关概念,以及道路实景影像的典型应用。

第 2 章介绍了道路实景影像的获取方式,重点阐述了数据方式和采集流程,并在此基础上对数据采集的核心步骤进行了详细的说明,即"数据采集实施前准备""单次采集作业准备""数据质量检查与评价"。

第 3、4 章分别对传统和深度学习的数字图像处理技术进行综述,针对实景道路信息的提取,传统的图像预处理方法包括颜色模型理论、感兴趣划分、灰度化、图像增强、图像平滑、二值化和图像变换。在深度学习方面,介绍了深度学习的基本概念、相关术语、典型的模型等,重点阐述了深度学习最重要的应用领域——图像识别,分为图像分类、目标检测、图像分割等。

第 5、6、7、8 章介绍了以实景影像为数据,利用上述提出的传统方法与深度学习的方法对交通标志、车道线、道路裂缝和道路路牌信息进行提取,识别准确且精度高,减少和解决了道路交通问题,为实景影像道路信息提取与识别提供了高效的方法。

第 9 章基于街景数据分别介绍了城市美学、物理、社会和经济环境的评估与评价。使用街景图像研究城市各类环境评估逐渐成为一种趋势,在经济、社会、文化、生态四个方

1

面保持高度和谐，达到城市内部的物质循环、能量流动、信息传递环环相扣且协同共生的生态城市。

第 10 章对实景影像道路专题信息提取方法与应用进行总结概括，将道路实景影像中的专题信息(即目标物信息)提取出来生成结构化数据的空间数据库，才能在数字城市和智慧城市管理领域进行更广泛的应用。

本书的出版得到了国家自然科学基金项目"基于移动测图系统的城市部件自动识别"(编号：41101444)、国家重点研发计划课题"建筑垃圾天地一体化快速识别技术体系与监测系统"(编号：2018YFC0706003)及北京建筑大学专项科研经费的资助。在本书的撰写过程中，北京建筑大学测绘与城市空间信息学院的老师和学生给予了莫大的鼓励和帮助，在此特表示衷心的感谢。其中，刘扬、杜明义教授负责第 1 章、第 2 章以及第 10 章的材料整理和撰写工作；周远洋、张敏负责第 3 章、第 4 章的材料整理和撰写工作；王鹏飞、刘小玉、杨恒、贾竞珏负责第 5 章至第 7 章的材料整理和撰写工作；高思岩负责第 8 章的材料整理和撰写工作；骆少华负责第 9 章的材料整理和撰写工作。

本书可以供从事道路实景影像信息提取研究和应用的科技工作者阅读，亦可以作为高等学校相关专业高年级本科生、硕士生和教师的教学与科研参考书。

由于作者水平有限，书中不足之处在所难免，恳请广大读者和同行批评指正。

作者

2021 年 4 月

目　　录

第1章 绪 论

从 20 世纪 60 年代诞生在加拿大的世界上第一个地理信息系统(Geographic Information System，GIS)开始，地理信息作为多分支、多交叉的技术融合产物在各行各业的应用不断深入和拓展，在国民经济发展和人民生活中发挥着越来越大的作用。传统的地理信息是以地理对象二维矢量、栅格模型或者三维体模型的形式予以体现的，这样虽然能够抽象或者具体表征出地理信息电子化的样子，如地理对象的空间位置、空间分布、空间形态等，方便了专业人士开展后续的空间分析乃至辅助决策，但对于普通人的友好度还是有所欠缺。

地理信息本质上是关于自然、人文现象的空间分布的信息。随着信息互联时代的到来，这种朴实的地理学认知也使得地理信息越来越被大众所接受。特别是伴随着信息通信技术的飞速发展，移动测图系统产生的可量测实景影像作为新一代的地理信息产品，通过最直观的视觉感受、最真实的细节反映，为地理信息展现方式带来了一种革命性突破的同时，也为专题地理信息提取提供了一种崭新的方式。

1.1 移动测图系统产生的背景

1. 信息通信技术的高速发展

当前，随着物联网、移动互联网、云计算、大数据等信息通信技术的快速发展和成熟应用，测绘地理信息技术手段(数据获取、传输、存储、处理、分析等)也处于转型和升级的深刻变革中，逐渐形成了产业链完整且影响深远的测绘地理信息产业。

测绘地理信息产业是以现代测绘技术和信息技术为基础发展起来的综合性产业，既包括 GIS(地理信息系统)产业、卫星定位与导航产业、航空航天遥感产业，也包括测绘业和地理信息技术的专业应用，还包括 LBS(基于位置服务)、地理信息服务和各类新兴技术及其应用，涉及车载导航、高精度测绘、移动目标监控、便携式移动导航、智能通信、游戏等诸多专业领域。依据《中国地理信息产业发展报告(2019)》，截至 2019 年 6 月底，地理信息产业从业单位数量超过 10.4 万家，从业人员数量超过 134 万。

随着科技的进步，测绘地理信息表达方式已不再停留在传统的文字符号所代表的数字化的基础上，而是朝着多媒体、智能化的方向发展。主要表现在：

(1)"大信息量"，测绘地理信息应用和服务愈加广泛，其所关注的对象越来越多，信息量越来越大；诸如随着社交网络与空间位置结合后产生了海量的社交媒体地理数据，不断刷新着数据量级的认知。

(2)"高精准度"，各种数据测量精度逐渐提升，总体上从 10m 向 1m 以内的精度演进，比如全球民用遥感微信 WorldView-3 可达 0.31m 分辨率，北斗三号定位系统将民用应用的手机定位精度提高到 1.2m 左右。

（3）"真可视化"，除了传统的栅格数据和矢量数据外，CIM（城市信息模型）中三维可视化的虚拟城市，包含着连续可量测的真实街道图像的实景地图等，真可视化手段逐渐被应用，从而使得对象的表达更为全面和直观。

因此，这给测绘地理信息的采集和更新手段提出了新的挑战。

2. 传统测绘成图方式的局限

传统测绘成图方式包括人工常规测量和调绘（也称人工地面作业）、航空摄影测量与遥感两种方式。

（1）人工作业适用于工程级的碎步测量，耗时误工，不能适应快速数据采集与更新的潮流，另外，也不能避免人工主观性误差以及在道路上作业带来的高劳动强度和危险性。

（2）航空摄影测量与遥感（大面积测绘），由于其属于垂直摄影，不能采集诸如路牌、交通标志这样细小的地物属性，且较长的数据处理周期和高昂的成本也使它无法适应于快速更新（张晓东等，2008）。

可见，传统的两种测绘方式有着明显的局限性，由此催生了一种崭新的测绘科技的诞生，它就是移动测图系统（Mobile Mapping System，MMS），其产生的成果之一是道路实景影像。三种测绘成图方式的比较如表 1-1 所示。

表 1-1　　　　　　　　传统测绘成图方式与移动测图系统之间的比较

测绘成图方式 比较内容	航空摄影测量与遥感	人工常规测量和调绘	移动测图系统（MMS）
适用范围	大面积测量	碎步测量	带状专题测量
点位测量精度	分米级	厘米级	分米级
地面控制测量	需要	需要	无需
地物属性采集	需判读，不能采集与摄影方向相平行的地物之属性；难以采集细小地物属性	带有人工主观性；在道路上作业较不安全	采用音频、视频、属性面板等多种方式完成全面的属性记录
图像采集	远距离垂直摄影图像	无图像	近景摄影图像
效率	高	低（10km/h）	高（60km/h）
成本	最高	高	低
快速数据更新（修测）	快，但不完全适合	慢，难以满足	快捷、准确、全面

1.2　移动测图系统与可量测实景影像

移动测图系统的载体多种多样，其中以机动车作为载体进行移动测图的系统最为普遍，也被称为移动道路测量系统，其采集的一种典型的数据就是道路实景影像。

1.2.1　移动测图系统

移动测图系统是在移动载体上装配 GNSS（全球导航定位系统）、CCD（视频系统）、INS（惯性导航系统）或 DR（航位推算系统）等先进的传感器和设备，在载体的行进之中采集地理空间信息的一种测图系统。

如图 1-1 所示，移动测图系统的载体多种多样，汽车、火车、雪橇、电动自行车等；甚至有的移动测图系统可以安装在船艇上用作水上测绘，可分为车载移动测量系统、机载移动测量系统、船载移动测量系统、个人移动测量系统和一体化移动测量系统等，以获取海陆空一体化全方位的地理信息。

图 1-1　不同载体的移动测图系统

以机动车作为载体的移动测图系统最为普遍，也称为移动道路测量系统。移动道路测量系统可以快速采集道路及道路两旁地物的空间位置数据和属性数据，如道路中心线或边线位置坐标、目标地物的位置坐标、路（车道）宽、桥（隧道）高、交通标志、道路设施。

数据同步存储在车载计算机系统中，经内业编辑处理工作，形成各种有用的专题数据成果，如导航电子地图，等等。笔者所在单位从武汉立得空间信息有限公司购置的早期移动道路测量系统 LD2000-RM，如图 1-2 所示，利用此系统，笔者所在单位完成了大量道路数据普查、城市管理应用等实际工程项目。

图 1-2　早期的移动道路测量系统(LD2000-RM)

目前，移动道路测量系统中最常用到的数据采集仪器包括激光扫描系统和 CCD 图像采集系统(部分移动测图系统同时搭载这两种采集系统)，分别对街道两侧的三维激光云数据和多角度的道路实景影像数据进行采集，如图 1-3 所示。

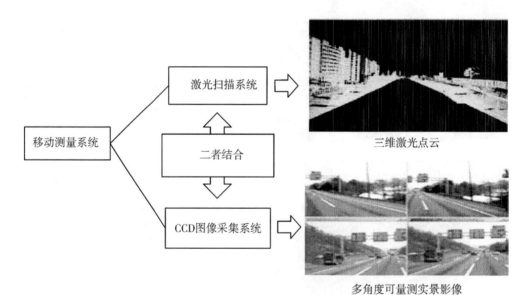

图 1-3　移动测图系统的数据采集工具

1.2.2　可量测实景影像

1. 可量测实景影像

可量测实景影像(Digital Measurable Image，DMI)是指在一体化集成融合管理的时空序列上，具有像片绝对方位元素的航空、航天、地面立体影像的统称(李德仁等，2007)。它不仅直观，而且通过相应的应用软件、插件和API，让用户按需在其专业应用系统上进行直接浏览、相对测量(高度、坡度等)、绝对定向解析测量和属性信息挖掘。DMI是满足Web2.0的新型数字化产品，具有时间维度的DMI在空间信息网格技术上形成历史数据挖掘，为通视分析、交通能力分析、商业选址等应用提供用户自身可扩展的数据支持(李德仁等，2007)。

2. 道路实景影像

由移动道路测量系统采集的道路实景影像(Digital Measurable Image of Road)是可量测实景影像的一种。由于其载体平台最为普遍，所以数据获取最为便捷，整体数据也最为丰富，在移动测图系统整体应用中发挥着巨大的作用。特别是随着互联网巨头进入测量领域，以道路实景影像为主体的街景地图应运而生。如国内使用最为广泛的百度街景地图，目前业已覆盖全国400余座城市、里程超100万千米。以北京为例，百度和腾讯街景地图均已实现了98%以上的道路覆盖，且重点区域往往有许多不同时间段的多期数据。

3. 道路实景影像的特点

(1)采集数据连续且多角度：由移动道路测量系统采集的道路实景影像，采集时往往沿着某条路径连续采集，其采集轨迹有时间顺序的连续性，且影像是多角度甚至360°全景覆盖，可以展现对象的局部多角度信息。

(2)有效融合其他来源数据：道路实景影像相对于空中垂直采集成果，采集立面信息详细、丰富且精度相对较高，可与航片、卫片以及低空倾斜摄影测量数据等有效融合，从而生成信息更为全面的地理信息系统。

(3)信息提取成果全面：应用立体视觉原理，从道路实景影像中不但可以提取出任意一点的空间坐标，同时可以获取二维矢量数据(如可以提取出线状、面状对象信息)，甚至可以在影像上直接进行对象的量测，如路灯高度、车道线宽度。

(4)展现地理环境更加真实可信：相对于当前三维模型生成的地理环境，如三维城市及虚拟场景，道路实景影像生成的地理环境可全面还原现场信息，从颜色、纹理真实性及包含要素全面性等方面都有较大优势。

(5)一次采集、多次挖掘：只要是在道路实景影像中的对象都是可以被提取的，但需求往往是不同的，很可能本次需要提取交通信号灯，下次需要提取果皮箱，再下次需要提取车道线。但我们不需要反复采集数据，只要在本次要提取的对象没有相对变动很大的情况下，就可以利用原有的道路实景影像进行提取。这也就实现了数据共用，大大降低了数据采集成本，也就是一次采集，多次挖掘。

(6)视野范围(高度/宽度)受限：由于采集仪器高度及CCD成像设备拍摄距离限制，道路实景影像的视野范围本身受限。目前大多数可量测实景拍摄道路两侧距离在50m以内，拍摄高度20m以内。所以高层建筑信息提取并不适合从道路实景影像中提取。

(7)绝对定位精度受限：由于GNSS精度受限，目前道路实景影像中对象的绝对定位精度最高处于亚米级，距离人工测量的厘米级，甚至工程测量中的毫米级精度仍然相差较

5

大，处于不同数量级，高精度测量和提取仍需要其他测量方式的补充。

1.3　可量测实景影像的应用

　　道路实景影像的空间信息服务代表了下一代空间数据服务的新方向，并与空间信息格网服务、空间信息自动化、智能化和实时化解析解译服务和网络通信服务有机结合，实现了空间信息大众化，为全社会、全体公民直接服务（李德仁，2007）。可量测实景影像已经作为第 5D 产品充实到国家基础地理信息数据库中，其应用领域十分广阔。具体参照表1-2。

表 1-2　　　　　　　　　　　　可量测实景影像的具体应用

应用领域	具 体 用 途
国防	情报收集与分析、军事测绘
公安、城市交通	三维警用地理信息系统、警力定位及调动、交通事故勘测、流动执法（违章处理）
公路	道路资产管理、道路破损调查、施工管理、道路养护、交通基础设施测量、车道线标记
旅游	景区管理及建设、景区应急指挥、景区宣传、景观改造
铁路	隧道结构监测、设备维护、铁路设施（信号标志、车道灯等）及相关地物的快速采集
导航	高精度地图、导航电子地图的数据采集和生成
应急保障	灾害（地震、滑坡等）应急管理、损害评估、矿山测量、地下井巷测量
地理空间信息	空间地理信息采集与更新、地理国情调查、自然资源管理、不动产调查、带状地形图测绘、乡村及偏远地区测绘、水库地形测绘、高精度 DEM 模型、精准农业、林业资源普查
环境	环境质量检测、污染防控、有毒有害气体排放
海洋	海域动态监测、智能航道、海洋海岛测绘、海洋资源开发
数字城市	街区大比例地形图测绘、建筑物立面测量、城市规划与管理、市政动态监测、城市部件普查、城市绿化普查、三维数字社区、室内场馆动态监测、电网巡检

　　可量测实景影像的典型应用具体如下。

1. 道路可视化管理及事故勘察

　　运用道路实景影像可以方便地对道路中心线、电线杆、交通标志等海量地物实施快速测量，事后通过专门的数据处理软件进行计算和编辑，直接将这些地物的位置数据、矢量属性数据录入道路信息管理数据库。在道路信息管理基础之上，研发道路实景管理系统，从而实现道路的全可视化管理。

目前，我国的交通事故勘察，大多采用人工方式进行，这种方式不仅效率低下，影响交通，而且会由于人的主客观局限性导致误勘而带来纠纷。采用移动道路测量系统采集的道路实景影像，可快速、全面地拍摄事故现场的立体图像，事后即可根据照片准确绘出事故现场平面图，这种"非接触性测量"不但大大缩短了事故勘察的时间，使得勘察结果更为可靠，同时也降低了交警的劳动强度。

2. 铁路基础设施数据采集与管理

由于铁路上不允许人工作业，使得铁路地理信息系统的数据采集不能依靠人工方式完成。将移动道路测量车置于机车的平板车之上或在测量车体上加装可以在轨道上行驶的轮子，这样移动道路测量系统便可如同在道路上开展工作，完成铁路网基础地理设施采集与更新，如图1-4所示。

图1-4 铁路可量测实景影像的采集设备和影像信息

2006年4月，采用武汉立得公司的LD2000-RM型移动测图系统完成青藏铁路从格尔木到拉萨的往返铁路线、铁路设施(信号标志、车道灯等)以及相关地物(包括附属建筑、交叉路口、桥梁涵洞等)的快速采集(李德仁等，2008)，为青藏铁路GIS、铁路运营管理、铁路救援等提供数据基础。外业工作6天，内业加工10天，完成了双向长达2284km的青藏铁路可量测实景数据库建库任务，为后续铁路资产管理提供可视化手段，具体如图1-5所示。

图1-5 青藏铁路可量测实景影像的采集设备(LD2000-RM型)和影像信息

3. 公安应急响应和警备路线管理

道路实景影像本身是连续、可量测的真实环境信息图像。相对于传统的固定探头数据，道路实景影像可以作为公共安全重点关注的线路、地区和部位的补充资料，以供不时之需。以公安地理信息系统为例，在传统电子地图上，其所关注的重点单位通常仅仅被一个简单的点状符号所代表；而道路实景影像则可以提供详细的可视化环境，可以查询其出入口、通道方向和宽度、通道之间的距离等，这些数据还可以方便地与警方原有数据库以及航测遥感图像进行无缝链接，从而构成一个大到整个城市，小到街区乃至建筑物内部情况的可视化立体信息网，有力地支持公安应急响应工作。

此外，利用道路实景影像可以实现可视化的警备路线管理，为重点警用路线提供任意方向的实景影像和视频的浏览、查看和测量等功能，并和实际地图数据相匹配，可以为决策人员提供辅助决策。

4. 数字市政管理

利用道路实景影像可以快速、高效、精确地采集满足数字化城市管理系统所需的综合市政设施、道路及其附属地物的电子地图数据、连续的街景影像数据和属性数据（铺装材料、分类信息），为数字化城市管理部件数据采集更新提供了一种快速高效的手段（陈小宇，2013）。从前期的应用中可以看出，移动道路测量系统所提供的道路实景影像在数字市政管理中有着广阔的应用前景。

（1）城市部件管理：随着城市的快速发展，持续增长且数量庞大的城市部件管理工作成为困扰城市管理者的问题。可量测实景影像为城市部件数据的快速更新提供了可靠手段，为城市部件的可视化管理提供了技术支持，促进了数字化城市管理的深入。

（2）城管事件分析：城管事件突发性强且位置不固定，传统数字化管理方法难以有效管理和分析。利用可量测实景影像可以清楚地看到城管事件发生的真实场景环境，为还原城管案件以及其后处理、分析提供有效手段。

（3）违法建筑识别：利用多期可量测影像对比分析或者与标准建筑结构照片对比，可以发现私搭乱建的违法建筑，可以通过实景标注、量测提供违法证据信息。同时也是遥感手段违章建筑识别的必要补充。

（4）违章广告牌识别：利用多期可量测影像对比分析或者与标准广告牌照片对比，可以发现私自设立及位置、尺寸、颜色不符合规范的广告牌，可以通过实景标注、量测提供违章证据信息。

5. 虚拟旅游及实景信息服务

到一个城市旅游其主要目的之一就是要感受城市的与众不同，除了游览核心景点之外，再就是逛遍大街小巷。很多景点建立了自己的虚拟三维旅游场景，但在真实性和覆盖广度等方面难以满足旅游者的需求。利用连续且覆盖极为广泛的道路实景影像来搭建整个城市场景，则为虚拟旅游提供了一种新的思路。构建可以覆盖整个城市的道路实景影像信息服务系统，让包括旅游者在内的社会公众可以通过互联网直接查询浏览到与旅游地相同的真实场景,让公众实现整个城市的实景漫游,具有很高的旅游服务价值。所以,谷歌、百度等互联网公司都在传统电子地图基础上推出了城市街景地图产品,如图 1-6 所示。这种实景信息服务兼具广告宣传、业务推广、经济服务、社会管理等社会和经济价值。在这样的系统环境下,用户可以从空中遥感进入地面,在高分辨率三维实景影像上漫游,去搜索兴趣点(POI),进而可查询图形、属性和实景影像,从而更好地满足各类用户的需求和充实用户的参与感和创造力。

图 1-6　百度街景地图

6. 城市变迁历史资料留存

近年来,我国城镇化进程突飞猛进,实现了"三年一小变,五年一大变,十年一巨变"的飞速跨越,随之城市面貌发生了翻天覆地的变化——从成片的低矮平房到现在林立的高楼大厦,从狭窄的街巷到四通八达的高架桥、快速路,从单一购物的百货商场到购物、游玩一体化且夜间更加璀璨绚烂的商业综合体。如何保存城市变迁的历史资料?早期我国多个大中城市都出版了城市古旧地图集或者老照片集,作为总结城市发展脉络、解读城市历史变迁、探究地域历史文化的基础性资料,如上海市档案馆作为上海地区永久保存历史档案文献的基地,目前收藏有自 19 世纪 40 年代以来形成的各种档案和资料 200 余万卷,这些档案资料记录了上海自 1843 年开埠以来在政治、经济、文化、城市建设和社会发展等方面的巨大变化,是了解和研究近代上海的非常宝贵的原始材料。但所有这些地图和老照片资料在详细程度和真实程度等方面都无法与覆盖城市的可量测实景资料相比。城市可量测实景资料可还原拍照时城市绝大部分的真实环境,特别是街面还原程度极高。以百度街景地图为例,针对很多城市,如北京、上海等地都提供了时光机功能,使用者可以从中浏览不同时间段城市的变迁。

第2章　道路实景影像的获取方法

俗话说"巧妇难为无米之炊"。相对于从道路实景影像中进行信息提取，第一步工作就是开展有针对性的数据采集，获取待提取信息区域的道路实景影像数据。实际上，道路实景数据的获取不仅是最基础性的工作，其实也是一项十分重要的技术内容；许多工程实践证明了良好的道路实景数据对于后期的信息提取工作往往会起到事半功倍的效果，反之亦然。

笔者所在单位是国内最早引入移动道路测量系统的高校之一，在道路实景影像数据采集、信息提取、应用系统研发等方面进行了大量前期研究和项目实践，积累了丰富的工程应用经验，故而道路实景影像数据采集的基本流程、核心步骤以及注意事项都是实践所得，以上内容将在本章中一一呈现。

道路实景影像的采集主要包括两部分核心内容：定位数据的采集和图像数据的采集。定位数据采集主要通过 GNSS 和 INS 组合方式获取，其中 GNSS 往往采用差分方式进行；而图像数据则依靠 CCD 相机采集获取，采集到的多角度图像也可以经过拼接成为全景影像数据。

2.1　道路实景影像数据获取方式

以武汉立得空间信息有限公司生产的中端适用型陆地移动道路测量系统（LD2000-RM型，以下简称"系统"）为例，其数据获取方式如图 2-1 所示。数据获取过程包括外业数据采集、数据融合与内业数据处理。外业数据采集后的数据组成包括：GNSS 数据（包括车载流动站、参考站数据）、DR 数据、CCD 图像数据、视频数据、音频数据、属性数据等。

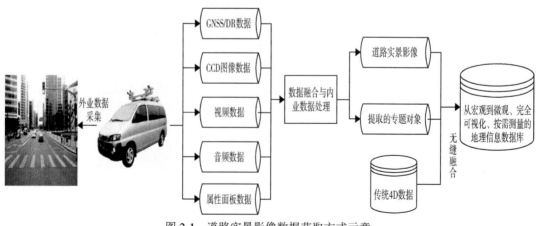

图 2-1　道路实景影像数据获取方式示意

　　数据融合主要包括：GNSS 的位置差分处理、GNSS/DR 的集成处理和影像地理参考等。融合后和经过内业数据处理可生成内业成图所需要的道路实景影像数据，即移动道路测量系统产品的主要组成形式，也可以从中根据实际需要提取专题的对象。道路实景影像和提取的专题对象与传统 4D 数据一起，以地理坐标无缝融合，最终成为按需测量的地理信息数据库。

　　道路实景影像中提取专题的对象按内容类型(如地名地址信息、道路交通信息、园林绿化信息、市政设施信息、其他感兴趣信息等)分类，主要包括的内容参考表 2-1。

表 2-1 <center>按主要提取对象(按内容类型)</center>

内容类型	主要提取对象
地名地址信息	主要地名、次要地名、兴趣点、单位名称、小区名称、大厦名称等
道路交通信息	道路边界、道路中线、道路护栏、桥梁、公交站点、停车位、共享自行车停车区域、交通信号灯、交通指示牌、路名牌等
园林绿化信息	行道树、绿地、花坛等
市政设施信息	井盖、路灯、电杆、垃圾箱、广告牌等
其他感兴趣信息	绿视率、树木茂盛度、景观指数、道路通行率、其他社会化信息等

　　提取专题的对象按几何类型(如可以解释为点状信息、线状信息、面状信息)分类，主要包括的内容参考表 2-2。

表 2-2 <center>按主要提取对象(按几何类型)</center>

几何类型	主要提取对象
点状信息	以点状形式表示：井盖、路灯、果皮箱、兴趣点、公交站点等
线状信息	以线状形式表示：道路边界、道路中线、道路护栏、桥梁等
面状信息	以面状对象表示：绿地、花坛、停车位、广告牌等

2.2 道路实景影像数据采集流程

　　通过多年来的实验环节和生产实践环节，总结成功和失败的经验，我们构建了一整套完善的外业数据采集流程。利用该技术流程，我们成功地完成了奥运会自行车赛道(南河沿–北河沿段)数据采集与道边商业网点景观规划与整治工程、北京市石景山区道路普查工程和内蒙古省级通道 1300km 的数据采集工程等。在工程中，我们不断地实践与摸索研究，积累了丰富的实践经验，经过多次的试验和准备，我们设计出一套切实可行的外业数据采集流程，如图 2-2 所示。

　　首先，在数据采集实施前的准备过程中，要尽可能收集测区调查资料，评估好整体采集工作量，并以此制定采集的作业方案；在每一次的数据采集前也要做好前期准备，如检查车辆及采集设备是否可以正常工作，检查采集系统的多种传感器的当前精度设置是否满足采集需要等；接下来，按照作业方案开展相应采集工作；采集完成后，进行数据质量检查与评价，如合格则采集活动正式结束；不合格，则重新开展采集。

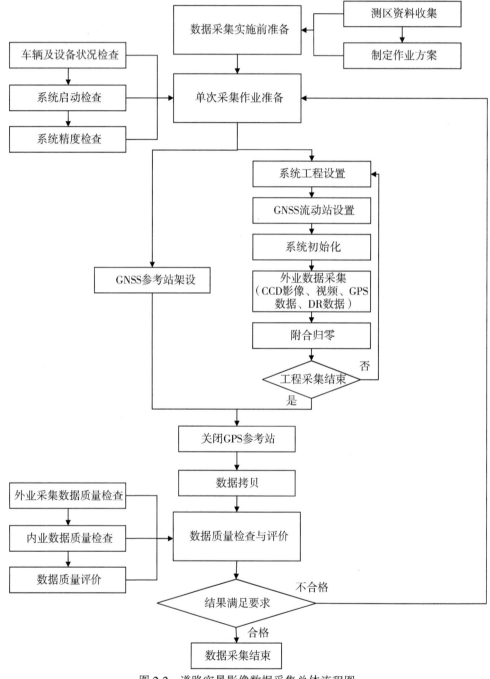

图 2-2　道路实景影像数据采集总体流程图

下面就采集中的核心步骤，即"采集项目实施前准备""单次数据采集前准备""数据质量检查与评价"进行详细说明。

2.2.1 采集项目实施前准备

道路实景影像的采集项目实施前必须经过充分的准备，需要把采集过程中可能遇到的各种情况充分予以考虑，其中主要的工作可以归纳为勘察测区情况、收集测区资料和制定采集作业计划。

1. 测区勘察及资料收集

测量区域是移动道路测量系统的作业场所，其环境是影响道路实景影像数据质量的一个重要因素。因此道路实景影像作业前应对测区的情况进行细致的勘察和资料收集，避免盲目出车，造成不必要的人力、时间及物质上的浪费。

勘察项目包括：

(1)测区道路基本路况：包括路面情况及道路宽度，决定是否适宜用道路实景影像进行数据采集。适用于道路实景影像测量的道路应具备的条件为：路面较平坦；道路宽度应不小于车宽的 2 倍；道路行驶最低净空高不低于车顶仪器最高高度 10cm。

(2)测区内道路的走向：主要调查测区内主要道路的走向、是否有单行线、路口可否左转等。用于后期计划中出车路线、时间的制定。

(3)道路的绿化情况：包括道路两侧的行道树、绿化带等基本情况。其对所采集主要兴趣点是否有遮挡，以及这种遮挡在后期路线设计时，是否有方法避免。

(4)交通高峰时段：调查测区的主要交通高峰时段，在数据采集时间安排上尽量避开。

资料收集的主要工作是充分收集现有的关于测区的参考资料，这一步是确保测量成果质量、提高测量速度、减轻外业工作量的有效途径。推荐收集的资料包括：GNSS 控制点资料(GNSS 参考站架设时使用)、最新电子地图及正射影像图等。

2. 作业计划制定

由前面分析可知，道路实景影像数据的特点除了前面提到的多源性、多尺度、叠加复合、海量等以外，一个很重要的特点就是道路实景影像数据质量极易受到外界环境的影响，这是由于在道路实景影像数据中，CCD 影像和视频数据占有很重要的地位，而且这两种数据的数据量在总数据量上也占了近 80%，这些数据都很容易受到外界环境因素的影响，如光线、温度、湿度、能见度等对影像和视频数据都有很明显的影响。所以在数据采集前，针对测区实际情况制订一个科学、有序的数据采集计划，尽量减小外界环境对道路实景影像数据质量的影响、控制冗余必不可少。根据前面对道路实景影像数据的组成及各类型数据质量影响因素的分析，一个完整、有效的作业计划应包括以下几个方面：

(1)行车路线规划：根据测区的道路走向、是否有单行线、路口转弯情况制定最优的行车路线，避免因路线设计不合理而对同一路段进行重复采集，造成大量的冗余数据产生。详细的行车路线制定应具体到各个工程，包括工程起始点、所经过的路段、工程终点。这里需要注意的是道路实景影像需在工程起始点进行初始化，终点进行附合归零，所以这两个点对 GNSS 信号有较高要求，应选择 GNSS 接收机能锁定不少于 6 颗卫星的地方。

(2)人员安排：道路实景影像外业数据采集过程中最少需要 4 人，包括：驾驶员、路线设计引导员、两名设备调节员。实施过程中应设外业组组长，对外业数据质量负全责。主要工作包括：路线设计及对驾驶员进行引导、数据管理、数据质量跟踪表格的填写。设备调节员的主要工作为：工程设置、CCD 影像曝光调节、数据拷贝。

(3)行车时间制定：行车时间的制定主要考虑测区主要道路的走向，避免阳光直射。如测区主要为东西向道路则不适宜在清晨或下午太阳西下时进行数据采集。同时要尽量避开测区主要的交通高峰时段。

(4)作业天气选择：作业前应提前查明数据采集当日的天气情况，尽量避免在烈日强光、高温、高湿度或过低温度下作业，这些因素都会对 CCD 影像有非常明显的影响，同时也不利于硬件设备的保养与维护。所以道路实景影像作业天气最好为能见度较好的阴天。

(5)GNSS 参考站布设：根据前期测区勘察情况拟订参考站布设计划，参考站控制范围应小于 100km，在选择参考站时应尽可能选择较近的控制点为参考站。参考站布设方案应满足覆盖测区所有路段。

2.2.2 单次数据采集前准备

项目实施前期准备工作完成后，在具体每一次数据采集前还应对系统及相关设备进行必要的检查。具体包括以下几方面的内容。

1. 车辆及设备状况检查

主要检查项目包括：

(1)车辆状况的检查：由驾驶员进行出车前的检查，确保车辆处于正常的工作状态；查看车顶机械平台各部件是否紧固以及擦拭防护罩玻璃。

(2)设备检查：由外业组长仔细清点作业时所需的仪器设备，确认整体系统是否处于可作业状态。

(3)参考站架设：准备好参考站架设的 GNSS 接收机，检查电量、存储空间，并设置好工作参数(如采样频率等)。一般是根据前期作业计划中制定的 GNSS 参考站架设方案，在已知精确空间坐标的控制点上架设 GNSS 参考站，根据当日数据采集的路线选择控制点，确保流动站与参考站之间的距离不大于 100km。参考站架设时应严格对中、整平，量取天线高(精度至 mm)，如图 2-3 所示。

2. 系统启动检查

系统检查主要是开启车载硬件设备，确定设备处于良好的工作状态。清理工控机硬盘及 GNSS 流动站 CF 卡，确保作业所需的存储空间。开启相关软件、硬件，检查 CCD 相机、GNSS、DR、摄像机是否可以正常工作。检查 CCD 相机温控器中显示的温度、电流、电压是否在正常范围内。

图 2-3　GPS 参考站架设示意

3. 系统精度检查

系统在使用过程中，可能会由于颠簸等原因导致系统精度下降，所以应每隔一定时间对系统进行精度检查，各系统都有一定的检查工具及软件。以 LD2000-RM 型系统精度要求为例：垂直于光轴姿态方向的误差应小于 5cm，平行于光轴方向的误差应小于 15cm。如果某一方向的精度不合格，应再换不同的位置重测 3 次，如果仍然不合格，则表明需要重新校准。待重新检校合格后，方可进行道路测量。

2.2.3　数据质量检查与评价

数据质量的检查与评价是道路实景影像数据质量控制必不可少的一环。外业数据采集完毕并不代表外业工作已经完成，须将数据移交给质检组(由外业监督员与内业测图员组成)进行外业数据质量检查，以确保采集数据的品质。

1. 外业采集数据质量检查

外业采集的数据质量由质检组进行检查，如果数据质量检查不合格，外业需返工，重新进行数据采集；数据质量质检合格，则外业采集任务完成。道路实景影像的外业数据采集质量检查流程如图 2-4 所示。

如图 2-5(a)所示，在采集点位置的检查中，其位置精度等级可采用颜色表示，例如：绿色代表位置精度较高、蓝色代表精度尚可、红色代表精度较差，这样由人工快速且直接地判别定位数据精度是合适的(判断标准根据采集项目工程的实际需要)。而且，在实际采集过程中，当 GNSS 观测环境恶劣时（如树木遮挡、高架桥遮挡等），GNSS 定位精度很容易出现显著降低情况，此时 GNSS 点位将明显偏离 GNSS/DR 集成的位置轨迹，会出现轨迹线不平滑甚至错开的现象，如图 2-5(b)所示。此种情况下，可以根据 GNSS/DR 集成结果对原始 GNSS 数据作部分修正。

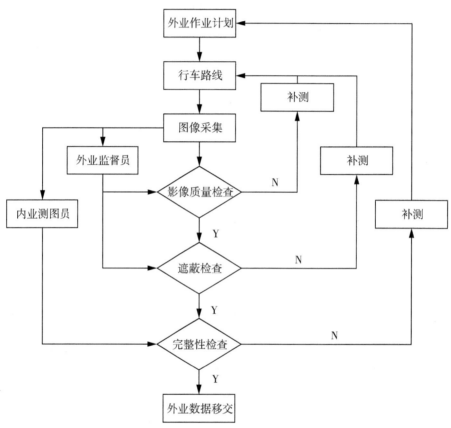

图 2-4　外业数据采集质量检查流程

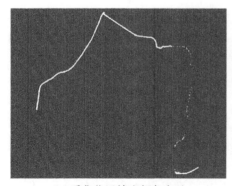

（a）采集位置精度颜色表示

（b）采集位置轨迹出现问题

图 2-5　采集点位置精度检查

在道路实景影像实际图像采集过程中，往往由于外界环境的复杂性或人为原因，导致图像出现模糊、光晕、曝光过度、曝光不足、遮挡严重、影像丢失等质量不合格现象。目前，可从图像的清晰度、遮蔽、冗余度、连续性等方面开展数据质量检查并提出改进方案，具体检查内容如表2-3所示。

表2-3   可量测实景影像的具体应用

检查内容	改 进 方 案
图像清晰度	避免在日照强光下作业 避免光线直射对影像的影响 避免在高温或过低温度下作业
图像遮蔽	尽量避免树木遮挡 尽量避免车辆遮挡
图像冗余度	设置合适的影像触发方式
图像连续性	在拥堵路段、路口及转弯处设置合适的采集间距 避免在高温、高湿的条件下作业影像丢失

外业数据移交内容包括：道路实景影像数据以及数据质量跟踪表。基本作业流程为：外业组将移动硬盘中外业采集的道路实景影像数据拷贝到内业组的数据服务器中，由质检组长进行数据类型、内容基本完整性检查，检查无误后在数据跟踪表内填写基本验收意见，并签字接收。

2. 内业数据质量检查

内业数据处理的主要工作是对外业采集得到的图像数据、空间数据、视频数据进行内业加工处理，建立相应的道路实景影像数据库，并从这些道路实景影像中的专题对象中，得到所需要的测图数据。这些外业提交的数据的质量如何，是否满足用户的需求？如何对不同类型数据进行过程质量评价，以便更好地提高后期内业作业精度、作业效率？这都是内业数据质量检查体系中需要考虑的内容。通过大量的实验研究，我们构建了比较完善的质量检查流程，并成功应用到生产实践中，得到很好的检验，具体如图2-6所示。

内业数据检查内容包括：

(1)定位与CDD图像数据：主要包括位置精度、影像完整性、内容完整性、影像清晰度等。

(2)视频数据：主要包括视频数据完整性、视频清晰度、视频冗余度、光晕现象等。

(3)音频数据：主要包括音频数据完整性、语言标准性、添加位置精确度。

(4)属性数据：主要检查内容包括属性数据完整性、添加位置精确度、符号使用正确性。

各项检查内容具体检查项目如表2-4所示。

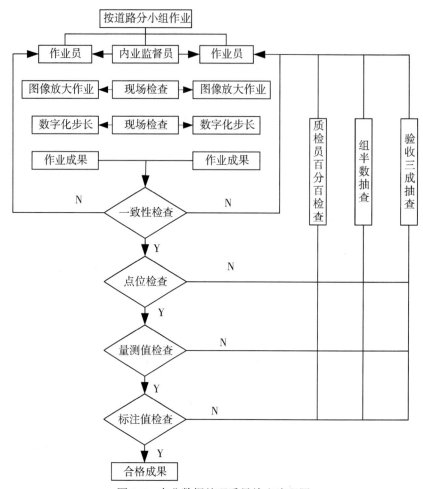

图 2-6　内业数据处理质量检查流程图

表 2-4　　　　　　　　　　　　　　内业数据检查内容

检查内容(一级)	检查内容(二级)	具体检查项目
定位数据与 CCD 图像数据	位置精度	满足近景摄影测量相关技术要求； 满足用户要求
	影像完整性	工程影像完整； 影像无丢失、遗漏
	影像内容完整性	目标地物整体完整； 单个目标地物完整
	影像清晰度	影像清晰、无模糊现象
视频数据	视频数据完整性	无非正常曝光影像数据； 工程数据完整、无遗漏
	视频清晰度	视频清晰、无模糊现象
	视频冗余度	无停车等冗余数据
	视频光晕现象	无连续光晕现象

续表

检查内容(一级)	检查内容(二级)	具体检查项目
音频数据	音频数据完整性	用户需求信息无遗漏
	语言标准性	音频信息清晰可辨
	添加位置精确度	清晰表达位置信息
属性数据	属性数据完整性	用户需求数据完整
	添加位置精确度	目标位置坐标准确
	符号使用正确性	符号使用正确、规范

3. 数据质量检查评价

1) 数据质量评价流程

道路实景影像的质量评价是通过对成果数据进行质量评价, 修改发现的质量问题, 并对数据质量进行综合评价, 出具质量评价报告。道路实景影像数据具体评价流程如图2-7所示。

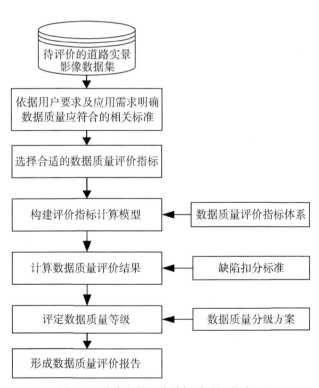

图 2-7 道路实景影像数据质量评价流程

首先, 依据用户要求及应用需求明确数据质量应符合的相关标准, 依据此标准选择合适的数据质量评价指标，构建道路实景影像数据质量评价指标体系；接下来，依据此标准，采用基于加权平均的缺陷扣分法构建评价指标计算模型，进行道路实景影像数据质量计算，得到相应的计算结果；最终，依据计算结果以及数据质量分级方案(领域专家制定)进行质量分级(如优、良、中、差等)，并出具道路实景影像质量评价报告。

2)数据质量评价指标体系

合理的道路实景影像数据质量评价指标体系是构建统一且性能良好的质量评价指标计算模型的前提。道路实景影像数据质量是指标体系中所有指标共同作用的结果；因此，指标体系构建的关键是充分考虑对质量影响较大的因素，明确其质量影响的特性及相应的权重。

我们认为比较可行的道路实景影像数据质量评价指标体系建立方法，是根据实际项目应用及领域专家共同确定通用的质量评价指标(分级指标和评价内容)及指标权重，以支持后续道路实景影像数据质量评价所需统一可用的计算模型。

这里我们总结了道路实景影像一级评价指标，如位置准确度、影像准确度、时间准确度、元数据准确度等。而道路实景影像二级评价指标是在一级质量元素下，根据每个指标与精度、逻辑一致性、数据完整性的组合划分，具体包括：位置精度、位置完整性、位置一致性、影像精度、影像完整性、影像一致性、时间精度、时间完整性、时间一致性、元数据精度、元数据完整性、元数据一致性等。

如本书中的道路实景影像数据质量评价指标体系是依据以往项目经验总结建立的，其指标和权重具有一定的参考价值。具体评价指标体系参见表2-5。

表 2-5　　　　　**道路实景影像数据质量评价指标体系(可参照版)**

一级评价指标	权重	二级评价指标	权重	详细评价内容
位置准确度	0.45	位置精度	0.5	绝对位置精度：包括高程精度、平面精度；相对位置精度
		位置完整性	0.2	GNSS/DR 数据类型的完整性；GNSS/DR 数据总量的完整性
		位置一致性	0.3	工程数据全程位置精度保持在一定水平，无太大落差；GNSS、DR 数据的一致性
影像准确度	0.35	影像精度	0.5	影像分辨率精度；清晰度；曝光控制
		影像完整性	0.3	全程路线影像数量上的完整性；影像内容的完整性
		影像一致性	0.2	影像数据格式一致性；影像按一定时空顺序排列，无错乱、跳跃及冗余(出现完全一样的影像对，大部分出现在停车时)

一级评价指标	权重	二级评价指标	权重	详细评价内容
时间准确度	0.12	时间精度	0.3	数据采集时间； 数据采集频度
		时间完整性	0.4	表达数据生产或更新全过程各阶段事件时间记录的完整性； 时间有关数据的有效性
		时间一致性	0.3	逻辑一致性：时间度量的准确性，时间参照的正确性； 一致性：有序事件或顺序的正确性； 数据生产及更新时间与真实世界变化的时间关系的正确性
元数据准确度	0.08	元数据精度	0.3	对数据采集过程中各操作处理描述的详细程度
		元数据完整性	0.4	包括数据目的、使用情况、数据志； 元数据有关文件的有效性
		元数据一致性	0.3	元数据内容的描述与真实地理世界关系的可靠性和客观实际的一致性； 各元数据之间内容的一致性

第3章　传统图像处理技术

伴随着数字成像技术与多媒体技术的发展，实景影像可以容纳丰富的道路信息，同时由于天空、楼宇、树木、行人、车辆等非目标信息的存在，不仅占据了存储容量空间，也增加了提取算法的复杂度。另一方面，在实际采集获取过程中，受路况、温度、曝光度、光照强度等内外因素干扰，实景影像质量的下降会导致提取算法准确度降低。为保证道路专题信息提取算法的稳定、高效，必须利用适当方法，预先对原始实景影像进行处理，提高图像的质量。

关于提取专题信息的方法，常用的预处理方法大体可分为两类：一类是处理照明相关效果；另一类是修剪图片的方法。本章将介绍以下几种预处理方法：颜色模型相关理论、彩色图像灰度化、图像增强、图像平滑、二值化和图像变换。

3.1　颜色模型相关理论

近年来，为了满足行车记录的需要，人们大多会购买拍摄分辨率在 720dpi 以上影像的视觉传感器置于车上。如果把拍摄到的 720dpi 实景影像放大数倍，可以观察到一个个单色的小方格，这些小方格就是构成图像的最小单元——像素。

具体来说，720dpi 是指 1280×720 像素的图像，这一图像的尺寸是横向有 1280 个像素，纵向有 720 个像素，总像素数目达到 921600 个，也就是只有达到近 93 万像素的视觉传感器才能拍摄出 720dpi 的影像。因此，随着传感器的像素增加，拍摄的实景影像就越清晰。

通过日常使用的彩色视频摄像机所拍摄的图像，多为基于 RGB 模型的真彩色图像，即利用光学三原色(红、绿、蓝)作为分量混合生成彩色，如图 3-1 所示。

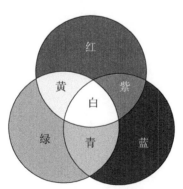

图 3-1　光学三原色示意图

由于我们感知一个物体的颜色是依靠光的反射原理，因此像素点上的单一颜色按亮度强弱，可划分为不同色阶。在计算机中，不同亮度可划分为 256 级，通常这个光的强度被称为灰度级，一般是从黑色到白色变化。

对于彩色图像，每个像素点均由 R、G、B 三个分量组成，可以组合的颜色总数为 256^3。而每个分量需占据 8bit 的存储空间，所以一个像素点需要 24bit。那么日常拍摄一幅尺寸为 1280×720 像素的图像，大概需要 2.6MB 的存储空间。对于道路专题信息提取方法来说，处理量可能达到上千甚至上百万幅，显然存储这些真彩色图像需要花费大量的存储空间，同时巨量的色彩信息增加了提取算法的复杂度。

3.2 彩色图像灰度化

灰度图像是从白色到黑色的一个渐变颜色的集合，共有 256 个亮度级别。彩色图像中除了有这些亮度信息外，还有更加丰富的颜色信息(张凤，2012)。彩色图像灰度化就是把彩色图像中的色彩信息去除，变成只包含亮度信息的灰度图像。由于彩色图像中包含有大量的颜色信息且占用较多的存储空间，用计算机来处理图像的速度慢。再者，对于灰度图像来说，人们研究的时间较长，图像处理的算法也比较成熟。因此，将彩色图像转换成灰度图像是图像分析和识别之前必须进行的处理过程。

目前常用的灰度化的方法主要有分量法、平均法、最大值法和加权平均法四种。

1. 分量法

分量法通过将彩色图像分解为单一灰度通道，并直接选取其中某一灰度通道数值作为彩色图像灰度化的结果，即

$$f_1(i, j) = R(i, j) \tag{3-1}$$
$$f_2(i, j) = G(i, j) \tag{3-2}$$
$$f_3(i, j) = B(i, j) \tag{3-3}$$

式中，$f_k(i, j)$ ($k=1$, 2, 3)为灰度图像；$R(i, j)$，$G(i, j)$，$B(i, j)$ 分别代表原图像中红、绿、蓝三通道的图像。

由于分量法的信息损失较大，因此在实际应用中应该根据项目的具体情况选取其中的一个通道作为灰度图像。

2. 平均法

平均法是将彩色图像三个通道的像素值进行加权平均处理，并将均值结果作为图像的灰度化结果。即

$$f(i, j) = \frac{R(i, j) + G(i, j) + B(i, j)}{3} \tag{3-4}$$

平均法生成的灰度图像比较柔和。

3. 最大值法

最大值法通过比较某位置处三个颜色通道的灰度值，并选取三个值中数值最大的灰度

通道数值作为该点处灰度化的结果。即

$$f(i, j) = \max(R(i, j), G(i, j), B(i, j)) \tag{3-5}$$

最大值法生成的灰度图像亮度比较高。

4. 加权平均法

加权平均法在均值处理的基础上，考虑了人的视觉特性，即人眼对于每种颜色具有不同的响应度，对灰度通道进行加权处理，根据其重要性赋予每个通道不同的权重，即

$$f(i, j) = 0.11 \times R(i, j) + 0.59 \times G(i, j) + 0.3 \times B(i, j) \tag{3-6}$$

加权平均法得到的灰度图像突出了图像中不同的亮度差别。

3.3　图像增强

通常实景影像的摄取过程是连续的，多采用固定传感器的位置、参数的方式，在这一过程中，难免受光照强弱或阴影等的影响，使得影像中的专题信息与背景无关信息对比度不高，最终采集到的影像集中存在大量质量不佳的图像。

图像增强技术，通过改变像素点的灰度级，实现对整体或局部图像特征的强调，可以达到突出目标区域、抑制背景区域和提高图像质量的目的，是图像预处理中重要的步骤之一。如图 3-2 所示，图像增强的方法可分为基于空间域和基于频域这两个方面（王笃越，2018）。

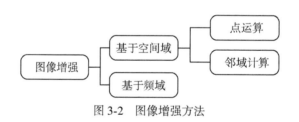

图 3-2　图像增强方法

在道路专题信息提取方法中，常用基于空间域的方法实现图像增强，空间域就是指包含图像像素的平面，实现方法简单高效，处理方法可用如下公式：

$$g(x, y) = T[f(x, y)] \tag{3-7}$$

式中，$f(x, y)$ 是输入图像，$g(x, y)$ 是输出图像，T 是在空间域上的变换函数。

其中，空间域的方法又可分为：基于点运算的方法和基于邻域运算的方法两大类（吕笃良，2017）。所谓点运算，是指逐像素点处理，主要实现增强对比度和阈值处理的目的。例如上述将彩色图像灰度化的方法，就属于基于空间域点运算的图像增强范畴。邻域运算，是指逐像素点的邻域处理，主要可实现去除图像噪声、锐化图像的目的。一般在实景影像预处理中，往往将基于邻域运算的图像增强方法归类为图像平滑，这一类方法将在3.4 节中进行介绍。

3.3.1 灰度变换

灰度变换增强实际上就是将影像目标与背景之间的对比度逐渐增强的过程。在道路影像获取过程中，有些影像可能会因为各种因素导致对比度相对较差，从而生成的影像直方图也变得不均匀，主要的元素会集中在几个像素值附近。因此，通过灰度变换增强使得影像中各个像素值尽可能均匀分布或者按照一定规律分布。灰度变换的实质不是要改变原始影像中某点的像素位置，而是逐点改变其像素点的灰度值，逐步达到增强的目的，与周围其他点无任何关联。

由于曝光度高和光线遮挡造成的道路影像对比度低等情况，经常采用调整影像灰度范围的方法进行增强。具体算法为：设原始灰度影像为$f(x, y)$，通过计算灰度影像中每个灰度值出现的次数，生成该灰度影像的直方图，可以发现灰度范围主要集中在$[a, b]$之间，此时影像比较模糊，并且提取目标与背景难以区分；如果将位于$[a, b]$之间的灰度值均匀分布在0~255之间，原始影像的视觉效果增强，会变得更加清晰，且提高了提取目标与背景之间的对比度。同时，需要将小于a的灰度值赋值为0，大于b的灰度值赋值为255。设位于a~b之间的灰度值为x，0~255之间的灰度值为y，则x和y满足如下公式：

$$\frac{x - a}{b - X} = \frac{y - 0}{255 - y} \tag{3-8}$$

通过灰度变换增强的方法对道路影像进行增强处理，可以明显发现影像的目标与背景区别度得到了极大提高，视觉效果显著，其灰度变换后对比结果如图3-3所示(王帅帅，2016)。

(a)灰度影像

(b)灰度变换影像

图3-3 灰度影像与灰度变换影像

3.3.2 直方图均衡化

直方图均衡化是一种利用灰度变换来自动调节影像使之对比度增强的方法，具有简

单、有效性强的特点。其基本思想是根据输入影像的灰度概率密度函数直接求出灰度变换
函数，即对应地输出影像灰度值，通过增加影像的动态范围，来实现对比度增强的目的。
变换函数 $T(r)$ 与原始影像概率密度函数 $P(r)$ 之间的关系为：

$$s = T(r) = \int_0^r p(r)\mathrm{d}r, \ 0 \ll r \ll 1 \tag{3-9}$$

其中，$T(r)$ 满足 $0 \ll T(r) \ll 1$。

以连续随机变量为基础，应用于数字图像处理中的离散形式为：

$$s_k = T(r_k) = \sum_{i=0}^{k} \frac{n_i}{N} = \sum_{i=0}^{k} P(r_j), \ 0 \ll r_j \ll 1, \ k = 0, \ 1, \ 2, \ \cdots, \ L-1 \tag{3-10}$$

虽然这种方式简单，运算效率高，但是它是从全局出发来对所有像素点进行处理，容
易造成局部特征的忽略，会丢失某些有用信息。因此，采用局部对比度增强法，即不同的
局部采用不同的方法，对影像进行灰度变换。其计算公式如下：

$$x'_{i,j} = m_{i,j} + k(x_{i,j} - m_{i,j}) \tag{3-11}$$

式中，$x_{i,j}$ 为变换前的中心像素值；$x'_{i,j}$ 为变换后的中心像素值；$m_{i,j} = \dfrac{1}{m \cdot n} \sum x_{i,j}$ 为
窗口 W 内像素灰度平均值。从上式可以看出，k 的取值决定改变的对比度。

为了防止原始影像的细节信息丢失问题，可以先保存细节信息，然后再将细节信息添
加到直方图均衡化的过程中，其表达式为：

$$x'_{i,j} = \begin{cases} T(x_{i,j}) + k(x_{i,j} - m_{i,j}), \ 0 \le x_{i,j} \le 255 \\ T(x_{i,j}) \end{cases} \tag{3-12}$$

式中，$x_{i,j}$ 为变换前的影像灰度值；$x'_{i,j}$ 为变换后的影像灰度值；$m_{i,j}$ 为以 $x_{i,j}$ 为中心的
窗口邻域均值；T 表示对 $x_{i,j}$ 的变换函数。从上式可以看出，T 可以调节影像直方图的动
态范围。但如何确定 k 值是关键，当窗口 W 的中心像素值 $x_{i,j}$ 位于无影像的细节处时，k
值趋于 0，而当其位于影像细节处时，k 可取一个较大正值。因此，基于以上条件，我们
选取窗口 W 内邻域灰度方差作为自适应变量，k 的表达式：

$$k = k\left[\left(\frac{\sigma_{i,j}^2}{\sigma_n^2}\right) - 1\right] \tag{3-13}$$

式中，k 为比例系数；σ_n^2 为影像的噪声方差；$\sigma_{i,j}^2$ 为影像窗口 W 内的灰度方差。

直方图均衡化的处理流程如下所示：

(1)获取原始影像的灰度级 i，统计各灰度级的像素数 n_i；

(2)求出原始影像的直方图与累积直方图；

(3)计算 k 值，并计算局部灰度值；

(4)计算局部对比度，实现均衡化；

(5) $\left(p(t_i) = \dfrac{n_i}{n}\right)$ 计算新的直方图。

如图 3-4 所示，通过直方图均衡化，道路线颜色变深，增加了对比度（王帅帅，
2016）。

(a)灰度影像 (b)直方图均衡化影像

图3-4 直方图均衡化效果图

3.3.3 直方图规定化

直方图规定化是根据预期希望达到的效果将直方图修正为某个特定的形状，有选择地增强某个灰度值范围内的对比度或使图像灰度值的分布满足特定的需要，实现图像的特定增强。直方图规定化比较灵活，在增强某些图像时会比直方图均衡化显示的效果更好一些（王蓉，2014）。

设 $f_r(r)$ 为原始图像的灰度概率密度函数，$f_z(z)$ 为期望通过匹配后得到的概率密度函数，对 $f_r(r)$、$f_z(z)$ 分别进行直方图均衡变换：

$$s = T(r) = \int_0^r f_r(w)\,\mathrm{d}w,\ 0 \leqslant r \leqslant 1 \tag{3-14}$$

$$v = G(z) = \int_0^z f_z(w)\,\mathrm{d}w,\ 0 \leqslant z \leqslant 1 \tag{3-15}$$

经过变换后的灰度分别为 s 和 v，其概率密度函数是相同的。以直方图均衡为基础，直方图匹配的具体操作步骤如下：

步骤一：由式(3-14)，把原始图像各点的灰度值 r 变换到 s。

步骤二：由式(3-15)，把期望图像各点的灰度值 z 变换到 v。

步骤三：选择适当的随机变量 v 和 s，使得 $v = s$。

步骤四：由 $v = G(v)$ 知逆变换函数为 $Z = G^{-1}$。

当灰度图像具有多个灰度级集中段时，就需要利用多模态的概率密度函数进行处理，此时常采用的是多模态高斯函数：

$$Q = K + \frac{A_1}{\sqrt{2\pi \cdot S_1}}\mathrm{e}^{\frac{-(Z-M_1)^2}{K_1}} + \frac{A_2}{\sqrt{2\pi \cdot S_2}}\mathrm{e}^{\frac{-(Z-M_2)^2}{K_2}} + \cdots + \frac{A_n}{\sqrt{2\pi \cdot S_n}}\mathrm{e}^{\frac{-(Z-M_n)^2}{K_n}} \tag{3-16}$$

式中，Z 为输入灰度级，K 为偏移（补偿）系数，A_1、S_1、M_1 分别为第一个模态的振幅、标准差、平均值，A_2、S_2、M_2 分别为第二个模态的振幅、标准差、平均值，A_n、S_n、M_n

分别为第 n 个模态的振幅、标准差、平均值，且 K、M_n、A_n 均为 0 ~ 1 之间的数，S_n 为非负数。如图 3-5 所示，为经过直方图规定化的结果示意图。

(a)灰度影像   (b)直方图规定化影像

图 3-5 直方图均衡化效果图

3.4 图像平滑

在摄取实景影像的过程中，传感器性能受内部如传感器温度，外部如光照强弱、路况等因素干扰，图像噪声的产生不可避免。为了提高专题信息提取的准确性，需要利用某种滤波方法抑制图像噪声。

在处理实景影像操作中，图像平滑是指采用滤波方法减弱一个像素到相邻像素的灰度的变化梯度，以此抑制图像噪声，改善图像质量。因此，空间滤波器性能的优劣在于邻域和滤波函数的选取，对待同一幅实景图像，使用不同参数的空间滤波器，输出的结果往往大相径庭。根据滤波函数的不同，可分为线性滤波器和非线性滤波器，其中经典的空间滤波器为均值滤波、高斯滤波、中值滤波和双边滤波四种。

3.4.1 均值滤波

均值滤波(Mean Filter)是一种典型的线性滤波。基本思想是用平均值代替原始图像中每个像素的像素值。均值滤波的具体操作步骤：

(1)用确定的模板遍历图像的每一个像素，使得模板的中心点重合于图像的每个像素点；

(2)遍历图像的每一个点后，对其周围 8 个点和自己的像素值取平均；

(3)用步骤(2)中得到的像素平均值作为新值替换原始灰度值，并将其分配给模板区域中的每个像素。

均值滤波的最终结果由图像的灰度值决定，在图 3-6(a)中，灰色方格表示模板的中心点，斜线方格表示中心点周围的 8 个点；图 3-6(b)中的深灰方格表示均值滤波处理之后的像素点。均值滤波运算简单快速，应用范围广泛，可以较好地削弱高斯噪声。

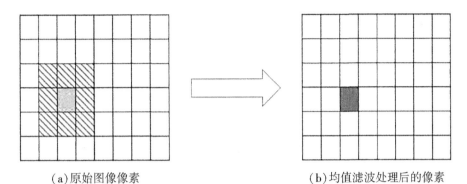

（a）原始图像像素　　　　　　　（b）均值滤波处理后的像素

图 3-6　均值滤波原理图

均值滤波表达式：

$$\hat{f}(x, y) = \frac{1}{M} \sum_{(s, t) \in S_{xy}} g(s, t) \tag{3-17}$$

式中，$\hat{f}$ 为复原图像；g 为含噪图像；M 为图像邻域内所有像素的个数；S_{xy} 为图像邻域内所有像素的集合，中心点在 (x, y) 上（孙家阔，2018）。

3.4.2　高斯滤波

高斯滤波器是一种线性滤波器，主要用来消除高斯噪声。其原理与邻域平均法类似，邻域平均法是对邻域内的像素进行平均计算，使邻域内的各个像素的权重一样。高斯滤波器则是根据邻域像素离中心点的远近来赋予权值，进行加权平均。

以 3×3 模板为例，高斯滤波公式和邻域平均法的公式一样，只是权值不同，邻域平均法可以说是高斯滤波的特例。例如将高斯模板中的所有系数 $K_i(i=0, 1, \cdots, 8)$ 分别赋值 4，1，2，1，2，2，1，2，1，即模板为 $\begin{pmatrix} 1 & 2 & 1 \\ 2 & 4 & 2 \\ 1 & 2 & 1 \end{pmatrix}$，用公式来计算图像中某一像素的均值滤波。从图 3-7 中可以看出，处于中心位置的权重值最大，处于四角位置的权重值最小。这样在去噪过程中，中心点像素不会模糊，公式如下：

$$f = \frac{\sum_{i=0}^{8} K_i P_i}{\sum_{i=0}^{8} K_i} \tag{3-18}$$

式中，$K_i(i=0, 1, \cdots, 8)$ 为滤波器的系数；$P_i(i=0, 1, \cdots, 8)$ 为待平滑图像中各点的像素值；f 为计算后 K_0 位置对应的像素值（张凤，2012）。

K_1	K_2	K_3
K_4	K_0	K_5
K_6	K_7	K_8

图 3-7　3×3 像素图

3.4.3　中值滤波

中值滤波(Median Filter)是一种基于排序统计理论的非线性信号处理技术，能够有效地抑制噪声。其原理为：根据灰度值的大小，对像素邻域内的所有像素进行连续排序，并将窗口的中心点像素的灰度值更改为序列的中间值。

一般中值滤波的操作步骤为：

(1)选定模板大小，将含有奇数个数像素的矩阵作为窗口大小；

(2)窗口遍历图像像素，并记录中心点；

(3)将窗口内的各个像素的灰度值进行排序，并获取中间值；

(4)将步骤(3)中获得的中间值作为中心点像素灰度的新值；

(5)重复上述步骤，直到窗口遍历整幅图像。

中值滤波公式为：

$$g(x, y) = \mathrm{med}\{f(x-k, y-l), (k, l \in W)\} \tag{3-19}$$

式中，$f(x, y)$为原始图像；$g(x, y)$为处理后的图像；W 为二维模板，通常为 3×3，5×5 区域，也可以是不同的形状(孙家阔，2018)。

3.4.4　双边滤波

双边滤波(Bilateral Filter)是一种非线性滤波处理器。其基本思想是将图像的空间邻近度和像素值的相似度相结合，同时考虑空间信息和灰度相似度，并利用像素强度的变化来实现保留边缘和消除噪声的目的。

双边滤波计算公式如下：

$$g(i, j) = \frac{\sum_{k, l} f(k, l)\omega(i, j, k, l)}{\sum_{k, l} \omega(i, j, k, l)} \tag{3-20}$$

式中，$f(k, l)$ 为输入的车道线图像；$g(i, j)$ 为双边滤波处理后的图像；$\omega(i, j, k, l)$ 为图像的权重系数。

双边滤波同时考虑了空间域和值域的差别，其效果主要由图像的权重系数 ω 决定。ω 由两个系数组成，一个是由几何空间相关的距离(d)确定的系数，另一个是由像素(r)的差值确定的系数。

其中，$\omega(i,\ j,\ k,\ l)$ 的计算方法如下：

$$d(i,\ j,\ k,\ l) = \exp\left(-\frac{(i-k)^2 + (j-l)^2}{2\sigma_d^2}\right) \tag{3-21}$$

$$r(i,\ j,\ k,\ l) = \exp\left(-\frac{\|f(i,\ j) - f(k,\ l)\|^2}{2\sigma_r^2}\right) \tag{3-22}$$

$$\omega(i,\ j,\ k,\ l) = \exp\left(-\frac{(i-k)^2 + (j-l)^2}{2\sigma_d^2} - \frac{\|f(i,\ j) - f(k,\ l)\|^2}{2\sigma_r^2}\right) \tag{3-23}$$

式中，σ_d、σ_r 为双边滤波器参数；i、j 为表示输出图像的横、纵坐标值；k、l 为表示输入图像的横、纵坐标值；$d(i,\ j,\ k,\ l)$ 为空间邻近度因子；$r(i,\ j,\ k,\ l)$ 为灰度相似度因子。

通过观察以上公式可知，空域高斯函数的标准差 σ_d 由像素间的距离决定，像素间的距离越小则空间邻近度因子越大，会导致图像更加模糊；而灰度标准差 σ_r 由像素间的相似度决定，像素值越接近，系数灰度相似度因子越大，则会导致细节变得模糊。但由于空间邻近度因子和灰度相似度因子之间为相互抑制的关系，当 σ_d 增加时，图像得到平滑；σ_r 受到限制，可以保证图像的边缘。由此可知，双边滤波具有保边去噪的作用。

3.5 二值化

灰度图像的二值化在图像分析中占有重要位置，其算法众多。图像二值化的实质就是通过改变像素点的灰度值（设定 0 或 255），使之表现为黑、白两种颜色的效果图。根据图像的直方图来选取合适的阈值，得到二值化图像，使得进一步的图像处理变得简单，数据的处理和压缩量减少（王帅帅，2016）。

一般而言，对于特定物体内部的灰度值均匀一致，并且背景下的灰度值也是均匀一致（与目标灰度值不同）的，此种情况下阈值选取法较好。如果目标与背景之间的差别是其他部分（灰度值差别不大），则应先将差别转换到灰度差别，再进行阈值法分割。总之，图像二值化最终就是根据灰度等级的不同，对影像像素进行细致的划分，得到目标与背景相对的各自区域。

3.5.1 全局阈值法

全局阈值法为通过对图像的全局信息分析，在整个灰度图像的直方图中只选取一个阈值。将整个图像分为明显的两个区域，及目标对象（黑色）和背景对象（白色）（杨方方，2009）。对于那些目标和背景相对比较明显的街景影像，其灰度直方图为双峰形状，可以选择双峰之间的波谷对应的像素值作为全局阈值。其公式如式（3-24）所示。

$$g(x,\ y) = \begin{cases} 1, & f(x,\ y) > T \\ 0, & f(x,\ y) \leqslant T \end{cases} \tag{3-24}$$

式中，$f(x,\ y)$ 为点 $(x,\ y)$ 的像素值，$g(x,\ y)$ 为分割后的图像，T 为全局阈值，T 一般通过直方图获取。利用全局阈值法进行影像处理如图 3-8(a)、(b)所示，全局阈值法从全局出发，可以将道路线与背景区分开来，但是对于局部一些干扰信息（伪线段）不能很好地排除。

(a)原图   (b)全局阈值处理后的图像

图 3-8 全局阈值迭代法效果图

3.5.2 迭代法阈值分割

迭代法又称为最优阈值选取法。其基本思想是选取整幅影像的灰度平均值 T_0 作为初始阈值，以 T_0 为基准将影像分割为两部分，计算各自的像素灰度平均值，小于 T_0 的部分记作 T_A，大于 T_0 的部分记作 T_B，在此基础上再次求取 T_A 和 T_B 的平均值，记作 T_1，那么 T_1 将作为新的全局阈值代替 T_0，依次类推，如此迭代计算，直到 T_K 收敛为止。

具体操作时，首先根据初始开关函数将输入影像逐个分为前景和背景，在第一遍对影像扫描结束时，平均两个积分器的值来确定一个阈值。用这个阈值作为控制开关再次将输入的影像分为前景和背景，并当作新的开关函数。如此重复上述步骤，直到开关函数不再发生改变为止，此时得到的前景和背景影像即为最终的分割结果，如图 3-9(a)、(b)所示（李明，2008）。

(a)原图   (b)迭代阈值处理后图像

图 3-9 迭代法阈值分割效果图

3.5.3 Otsu 阈值分割

Otsu 阈值算法，又称最大类方差法，该算法以获取的影像灰度直方图作为基础数据，运用最小二乘法进行推理，综合考虑像素邻域和图像整体灰度分布等特征关系，以经过灰度分类的像素类群之间产生最大方差时候的灰度值作为图像的最佳分割阈值，即具有最大分离性。设 $g(x, y)$ 为图像 $I_{M \cdot N}$ 的位置 (x, y) 处的灰度值，灰度级为 M，则 $g(x, y) \in [0, M-1]$。若灰度级 i 的所有像素个数为 g_i，记 $p(i)$ 为第 i 级灰度值出现的概率，则有式

$$p(i) = \frac{g_i}{M \cdot N} \tag{3-25}$$

式中，$i = 0, 1, 2, \cdots, M-1$，并且 $\sum_{i=0}^{M-1} p(i) = 1$。

选取阈值 n 分割图像，即背景 c_0，目标 c_1。图像 c_0 区域的灰度级为 $0 \sim n-1$，目标 c_1 区域的灰度级为 $0 \sim M-1$。则图像背景 c_0 和目标 c_1 对应的像素分别为：$\{f(x, y) < n\}$ 和 $\{f(x, y) \geqslant n\}$。

图像背景 c_0 区域出现的概率：

$$\omega_0 = \sum_{i=0}^{n-1} p(i) \tag{3-26}$$

图像目标 c_1 区域出现的概率：

$$\omega_1 = \sum_{i=n}^{M-1} p(i) \tag{3-27}$$

其中 $\omega_0 + \omega_1 = 1$，背景 c_0 区域的平均灰度值为：

$$\mu_0(n) = \sum_{i=0}^{n-1} i \cdot \frac{p(i)}{\omega_0} \tag{3-28}$$

图像目标 c_1 区域的平均灰度值：

$$\mu_0(n) = \sum_{i=n}^{M-1} i \cdot \frac{p(i)}{\omega_1} \tag{3-29}$$

图像的总平均灰度值：

$$\mu = \sum_{i=n}^{M-1} i \cdot p(i) \tag{3-30}$$

图像区域间的类间方差：

$$\delta^2(k) = \omega_0 (\mu - \mu_0)^2 + \omega_1 (\mu - \mu_1)^2 \tag{3-31}$$

k 的取值从 $0 \sim M-1$，最优阈值为使得 $\delta^2(k)$ 最大时，是一种自动阈值选择法，其可以适用于两区域或多区域的阈值选择。

Otsu 阈值分割图如图 3-10 所示。Otsu 阈值分割以后可以得到最佳阈值 T，以最佳阈值为标准，通过遍历每个像素点与其邻域范围内的像素，若横、纵坐标任一像素点大于最佳阈值，即判断该点为突变点，最后得到突变点集。

(a)原图　　　　　　　　　　　(b)Ostu 阈值处理后图像

图 3-10　Ostu 阈值分割图

3.5.4　基于二值化的形态学法

形态学是在严格的数学理论基础上，进行图像处理、识别的一种新方法。其作为一种新方法，虽然理论复杂，但是思想简单而且完美。基于数学形态学的图像边缘提取骨架完整连续、边缘比较光滑且清晰度高。

膨胀和腐蚀是数学形态学的两个最基本运算，结构元素是其最基本的组成部分。膨胀可以填充图像中的小孔机边缘小凹陷部分，是一种边界向外扩张的过程。腐蚀可以消除目标边界小且无意义的点，是一种边界向内收缩的过程。常用的运算还有开运算和闭运算、细化和粗化、击中和击不中等。

1. 膨胀

膨胀就是使用3×3的符号元素遍历图像的每个像素并与图像做"与"运算，如果两个都为0时，结果图像中的像素点才为0，只要有一个是1，结果图像中的像素点就为1，如图 3-11 所示。定义如下：

$$E = B \oplus S = \{x,\ y \mid S_{xy} \cap B \neq \varnothing\} \tag{3-32}$$

集合 B:

0	0	0	0	0	0	0	0
0	0	0	0	1	1	1	0
0	0	0	0	1	1	1	0
0	0	0	1	1	1	1	0
0	0	0	1	1	1	0	0
0	0	1	1	1	0	0	0
0	0	1	1	1	0	0	0
0	0	0	0	0	0	0	0

集合 S:

0	0	0	0
0	0	0	0
0	1	1	0
0	0	0	0

膨胀后的图像:

0	0	0	0	1	1	1	0
0	0	0	1	1	1	1	0
0	0	0	1	1	1	1	0
0	0	1	1	1	1	0	0
0	0	1	1	1	1	0	0
0	1	1	1	1	0	0	0
0	1	1	1	1	0	0	0
0	0	0	0	0	0	0	0

(a)集合 B　　　　　(b)集合 S　　　　　(c)膨胀后的图像

图 3-11　膨胀操作示意图

2. 腐蚀

腐蚀就是使用3×3的符号元素遍历图像的每个像素并与图像做"与"运算,同时为1则为1,其他情况都为0,如图3-12所示,这样可以使二值图像减小,图像中特别小的区域会消失,使图像边缘平滑,定义如下:

$$E = B \otimes S = \{x, y \mid S_{xy} \subseteq B\} \tag{3-33}$$

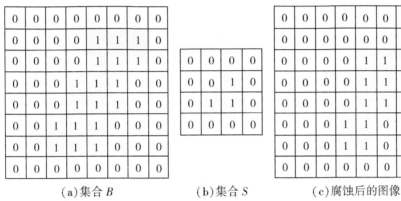

(a)集合 B   (b)集合 S   (c)腐蚀后的图像

图 3-12   腐蚀操作示意图

3. 开运算

开运算就是将原图像先进行腐蚀操作,再进行膨胀操作。开运算可以平滑图像中物体的边缘,但是不改变图像的形状,面积也基本不改变,并可消除图像中的噪点,在纤细点处分离物体。公式如下:

$$B \cdot S = (B \otimes S) \oplus S \tag{3-34}$$

4. 闭运算

闭运算的思路跟开运算刚好相反,是先膨胀,后腐蚀。闭运算也可以在不改变物体形状和基本不改变物体面积的情况下平滑图像,但是与开运算的平滑不同,闭运算是通过填充对象中的细小空隙来平滑对象。公式如下:

$$B \cdot S = (B \oplus S) \otimes S \tag{3-35}$$

在街景序列影像中,城市道路线由于长时间的磨损、破坏等,出现边界线残缺等,可以利用膨胀与腐蚀相结合的方式,膨胀可以填充道路线残缺的结构元素较小目标,腐蚀可以去除背景元素中结构元素较小目标,从而得到清晰连续的影像边缘,如图3-13(a)、(b)所示。

通过选用全局阈值、迭代法阈值和Otsu阈值三种影像阈值分割方法对比分析,发现全局阈值法对于局部边缘信息处理存在缺陷,迭代法阈值分割和Otsu阈值分割都可以将目标与背景分离开来,但是Otsu阈值法处理的边缘信息连续性更好一些。

（a）原图　　　　　　　　　　　　　　　　（b）形态学法处理后图像

图 3-13　形态学法影像

　　因此，在经过影像二值化的处理后，再利用形态学的膨胀与腐蚀基本方法对道路影像进行处理，不仅可以修补道路线断开和间断的边缘，使得道路线具有良好的连续性；还可以消除一些无用的边缘点，如图 3-14 所示分别为灰度图、Otsu 阈值分割影像、形态学处理影像。

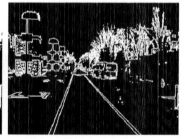

（a）灰度图　　　　　　　（b）Otsu 阈值分割影像　　　　　　（c）形态学处理影像

图 3-14　二值化图像的形态学处理

3.6　图像变换

　　图像变换是图像处理与分析中的主要手段，为了用正交函数或图正交矩阵表示图像，对原图像做二维线性可逆变换，经过变换后的图像更有利于图像的增强、压缩和编码等复杂的处理。

3.6.1　Hough 变换

　　Hough 变换是计算机视觉领域里图像识别较为常用的直线模型检测方法之一，鲁棒性较好（王国凤，2019）。Hough 变换是利用一种表决性参数估计的方法，通过点线对称性，将原始图像中的一条曲线根据曲线表达式转换到参数空间进行累加统计，将相似边缘点进行拟合连接。实验原理为图像空间中的一条直线的带对应参数空间的一条正弦曲线，这条直线上的很多点对应的正弦曲线有一个焦点，这个焦点称作峰值点，峰值点对应图像空间中的一条直线，如图 3-15 所示。

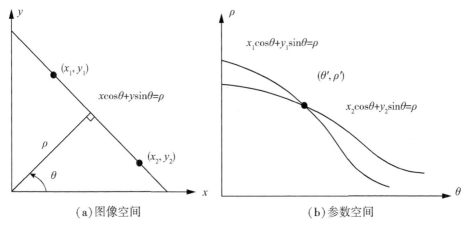

（a）图像空间 　　　　　（b）参数空间

图 3-15　Hough 变换示意图

图 3-15 中，直线参数空间坐标为 (ρ, θ)，其中 ρ 为直线到原点的距离，θ 为直线上任一点与 x 轴的夹角，(x_1, y_1) 和 (x_2, y_2) 为直线上的任意两点，直线的公式为：

$$x\sin\theta + y\cos\theta = \rho \tag{3-36}$$

其中，(x_1, y_1) 和 (x_2, y_2) 对应参数空间的两条线相交于 (ρ', θ')，该点即为峰值，这两条曲线的表达式为：

$$x_1\cos\theta + y_1\sin\theta = \rho \tag{3-37}$$

$$x_2\cos\theta + y_2\sin\theta = \rho \tag{3-38}$$

(x_1, y_1) 和 (x_2, y_2) 是图像空间上一条直线上的两个任意点，拥有同样的斜率和截距，所以对应参数空间应该相交于同一点，该点对应原始图像空间中的一条直线，即点线对偶性。计算过程就是取遍所有的点，让 θ 取遍所有的值，以此可得到 ρ 的值，从 ρ，θ 的取值范围可以检测出累加器的大小，故检测到直线。

3.6.2　Radon 变换

Radon 变换及其逆变换是图像处理中的一种重要研究方法，许多图像重建便是有效地利用了这种方法，它不必知道图像内部的具体细节法，仅利用图像的摄像值即可很好地反演出原图像（李化欣，2006）。

一个平面内沿不同的直线对某一函数做线积分，就得到函数的 Radon 变换。也就是说，平面的每个点的像函数值对应了原始函数的某个线积分值。

若直角坐标系 (x, y) 转动 θ 角后得到旋转坐标系 $(\hat{x}, \hat{y})$，由此得表达式为

$$\hat{x} = x\cos\theta + y\sin\theta \tag{3-39}$$

Radon 变换表达式为

$$p(\hat{x}, \theta) = \int_{-\infty}^{\infty} \int_{-\infty}^{\infty} f(x, y) \delta(x\cos\theta + y\sin\theta - x) \mathrm{d}x\mathrm{d}y, \ 0 \leqslant \theta \leqslant \pi \qquad (3\text{-}40)$$

这就是函数 $f(x, y)$ 的 Radon 变换，$p(\hat{x}, \theta)$ 为 $f(\hat{x}, \hat{y})$ 的投影 $f(x, y)$ 沿着旋转坐标系中 $\hat{x}$ 轴 θ 方向的线积分，其逆变换的表达式为

$$f(x, y) = \left(\frac{1}{2\pi}\right)^2 \int_0^\pi \int_{-\infty}^\infty \frac{\dfrac{\partial \, p(\hat{x}, \theta)}{\partial \, \hat{x}}}{(x\cos\theta + y\sin\theta) - \hat{x}} \mathrm{d}\hat{x}\mathrm{d}\theta \qquad (3\text{-}41)$$

从理论上讲，图像重建过程就是逆 Radon 变换过程，Radon 公式就是通过图像的大量线性积分来还原图像。为了达到准确的目的，需要用不同的 θ 建立很多旋转坐标系，从而可以得到大量的投影函数，为重建图像的精确度提供基础。

3.6.3 傅里叶变换

傅里叶变换是信号处理中最重要、应用最广泛的变换。从某种意义上来说，傅里叶变换就是函数的第二种描述语言，是以时间为自变量的信号和以频率为自变量的频谱函数之间的某种变换关系。这种变换同样可以用在其他有关数学和物理的各种问题之中，并可以采用其他形式的变量。当自变量时间或频率取连续时间形式和离散时间形式的不同组合，就可以形成各种不同的傅里叶变换对。

傅里叶变换理论及其物理解释两者的结合，对图像处理领域诸多问题的解决提供了有利的思路，它让人们从事物的另一方面来考虑问题，这样在分析某一问题时就会从空域和频域两个角度来考虑问题并来回切换，可以在空域或频域中思考的问题，利用频域中特有的性质，使图像处理过程更简单、有效，对于迂回解决图像处理中的难题非常有帮助，被广泛应用于图像处理中(刘成龙，2017)。

1. 连续傅里叶变换

在数学中，连续傅里叶变换是将一组函数映射为另一组函数的线性算子。不严格地说，傅里叶变换就是把一个函数分解为组成该函数的连续频率谱。

在数学分析中，信号 $f(t)$ 的傅里叶变换被认为是处在频域中的信号。这一基本思想类似于其他傅里叶变换，如周期函数的傅里叶级数。

函数 $f(x)$ 的傅里叶变换存在的前提是满足狄里赫利条件：

(1)具有有限个间断点。

(2)具有有限个极值点。

(3)绝对可积。

一维连续傅里叶变换为

$$F(u) = \int_{-\infty}^{+\infty} f(x)\exp[-\mathrm{j}2\pi ux]\mathrm{d}x \qquad (3\text{-}42)$$

其反变换为

$$f(x) = \int_{-\infty}^{+\infty} F(u)\exp[\mathrm{j}2\pi ux]\mathrm{d}u \qquad (3\text{-}43)$$

如果为实函数，$f(x)$ 傅里叶变换用复数表示。

二维连续傅里叶变换为

$$F(u, v) = \int_{-\infty}^{\infty} \int_{-\infty}^{+\infty} f(x, y) \mathrm{e}^{-\mathrm{j}2\pi(ux+vy)} \mathrm{d}x\mathrm{d}y \tag{3-44}$$

其反变换为

$$f(x, y) = \int_{-\infty}^{\infty} \int_{-\infty}^{+\infty} F(u, v) \mathrm{e}^{\mathrm{j}2\pi(ux+vy)} \mathrm{d}u\mathrm{d}v \tag{3-45}$$

2. 离散傅里叶变换

离散傅里叶变换(DFT)是连续傅里叶变换在时域和频域上都离散的形式,将时域信号的采样变换为在离散时间傅里叶变换(DTFT)频域的采样。在形式上,变换两端(时域和频域上)的序列是有限长的,而实际上这两组序列都应当被认为是离散周期信号的主值序列。即使对有限长的离散信号做DFT,也应当将其看作经过周期延拓成为周期信号再做变换。在实际应用中通常采用快速傅里叶变换,以高效计算DFT(王睿,2012)。

1)一维离散傅里叶变换

一维离散傅里叶变换为

$$F(u) = \sum_{x=0}^{N-1} f(x) \mathrm{e}^{-\mathrm{j}2\pi ux/N}, \ u = 0, 1, 2, \cdots, N-1 \tag{3-46}$$

其反变换为

$$f(x) = \frac{1}{N} \sum_{u=0}^{N-1} F(u) \mathrm{e}^{\mathrm{j}2\pi ux/N} \tag{3-47}$$

2)二维离散傅里叶变换

对二维连续傅里叶变换在二维坐标上进行采样,对空域的取样间隔为 Δx 和 Δy, 对频域的取样间隔为 Δu 为 Δv, 它们的关系为

$$\Delta u = \frac{1}{N\Delta x} \tag{3-48}$$

$$\Delta v = \frac{1}{N\Delta y} \tag{3-49}$$

式中, N 是在图像一个维上的取样总数。那么,二维离散傅里叶变换为

$$F(u, v) = \frac{1}{N^2} \sum_{x=0}^{N-1} \sum_{y=0}^{N-1} f(x, y) \exp[-\mathrm{j}2\pi(ux+uy)/N] \tag{3-50}$$

$$f(x, y) = \frac{1}{N^2} \sum_{u=0}^{N-1} \sum_{v=0}^{N-1} f(u, v) \exp[\mathrm{j}2\pi(ux+uy)/N] \tag{3-51}$$

3. 快速傅里叶变换

快速傅里叶变换(FFT)是计算DFT的一种快速有效的方法。虽然频谱分析和DFT运算很重要,但在很长一段时间里,由于DFT运算复杂,并没有得到真正的运用,而频谱分析仍大多采用模拟信号滤波的方法解决。1965年首次提出DFT运算的一种快速算法以后,人们开始认识到DFT运算的一些内在规律,从而很快地发展和完善了一套高速、有效的运算方法——快速傅里叶变换(FFT)算法(刘成龙,2017)。

FFT 的出现，使 DFT 的运算大大简化，运算时间缩短一至两个数量级，使 DFT 的运算在实际中得到广泛应用。

对于一个有限长序列 $\{f(x)\}$ $(0 \leqslant x \leqslant N-1)$，它的傅里叶变换表示为

$$F(u) = \sum_{n=0}^{N-1} f(x) W_n^{ux} \tag{3-52}$$

令 $W_N = \mathrm{e}^{-\mathrm{j}\frac{2\pi}{N}}$，$W_N^{-1} = \mathrm{e}^{\mathrm{j}\frac{2\pi}{N}}$，傅里叶变换对可写成

$$F(u) = \sum_{x=0}^{N-1} f(x) W_n^{ux} \tag{3-53}$$

从上面的运算显然可以看出，要得到每一个频率分量，需进行 N 次乘法和 $N-1$ 次加法运算。要完成整个变换需要 N^2 次乘法和 $N(N-1)$ 次加法运算。当序列较长时，必然要花费大量的时间。

观察上述系数矩阵，发现 W_n^{ux} 是以 N 为周期的，即

$$W_n^{(u+LN)(x+KN)} = W_n^{ux} \tag{3-54}$$

3.6.4　小波变换

小波变换是对傅里叶变换的一个重大突破，小波分析具有优异的时域-频域局部特性，能够对图像这类局部平稳信号进行有效的分析。同时，它又具有良好的能量集中性，能够在变换域内进行编码，得到较高的压缩效率。

利用小波变换对图像进行分解，分解后的图像具有多分辨率分解特性和倍频程频带分解特性，符合人眼在图像理解中的多尺度特性，又便于结合人眼的视觉特性（张娇等，2000）。

1. 连续小波变换

设 $\psi(t) \in L^2(R)$，其傅里叶变换为 $\hat{\psi}(\overline{\omega})$，当 $\hat{\psi}(\overline{\omega})$ 满足完全重构条件或恒等分辨条件时，函数 $\psi(t)$ 经伸缩和平移后得

$$C_\psi = \int_R \frac{|\hat{\psi}(\omega)|^2}{|\omega|} \mathrm{d}\omega < \infty \tag{3-55}$$

$$\psi_{a,b}(t) = \frac{1}{\sqrt{|a|}} \psi\left(\frac{t-b}{a}\right), \quad a, b \in R; \ a \neq 0 \tag{3-56}$$

称其为一个小波序列。其中 a 为伸缩因子；b 为平移因子。

对于任意的函数 $f(t) \in L^2(R)$ 的连续小波变换为

$$W_f(a, b) = (f, \psi_{a,b}) = |a|^{-1/2} \int_R f(t) \overline{\psi\left(\frac{t-b}{a}\right)} \mathrm{d}t \tag{3-57}$$

其逆变换为

$$f(t) = \frac{1}{C_\psi} \int_{-\infty}^{\infty} \int_{-\infty}^{\infty} \frac{1}{a^2} W_f(a, b) \psi\left(\frac{t-b}{a}\right) \mathrm{d}a\mathrm{d}b \tag{3-58}$$

由于基小波 $\psi(t)$ 生成的小波 $\psi_{a,b}(t)$ 在小波变换中对被分析的信号起着观测窗的作

用，所以 $\psi(t)$ 还应该满足一般函数的约束条件

$$\int_{-\infty}^{\infty} |\psi(t))| \, \mathrm{d}t < \infty \tag{3-59}$$

故 $\hat{\psi}(\omega)$ 是一个连续函数。这意味着，为了满足完全重构条件，$\hat{\psi}(\omega)$ 在原点必须等于 0，即

$$\hat{\psi}(0) = \int_{-\infty}^{\infty} \psi(t) \, \mathrm{d}t = 0 \tag{3-60}$$

在二维小波的连续变换时，可定义

$$\psi^{a,\,b,\,\theta}(t) = a^{-1}\psi\left(\boldsymbol{R}_{\theta}^{-1}\left(\frac{t-b}{a}\right)\right) \tag{3-61}$$

其中，$a > 0$，$b \in R^2$，$\boldsymbol{R}_{\theta} = \begin{pmatrix} \cos\theta & -\sin\theta \\ \sin\theta & \cos\theta \end{pmatrix}$，相容条件变为

$$C_{\psi} = (2\pi)^2 \int_0^{\infty} \frac{\mathrm{d}r}{r} \int_0^{2\pi} |\overline{\psi}(r\cos\theta,\ r\sin\theta)|^2 \mathrm{d}\theta < \infty \tag{3-62}$$

其重构公式为

$$f = C_{\psi}^{-1} \int_0^{\infty} \frac{\mathrm{d}a}{a^3} \int_{R^2} \mathrm{d}b \int_0^{2\pi} W_f(a,\ b,\ \theta) \psi^{a,\,b,\,\theta} \mathrm{d}\theta \tag{3-63}$$

2. 离散小波变换

离散小波变换系数可表示为

$$C_{j,\,k} = \int_{-\infty}^{\infty} f(t) \psi_{j,\,k}^{*}(t) \, \mathrm{d}t = \langle f,\ \psi_{j,\,k} \rangle \tag{3-64}$$

其重构公式为

$$f(t) = C \sum_{-\infty}^{\infty} \sum_{-\infty}^{\infty} C_{j,\,k} \psi_{j,\,k}(t) \tag{3-65}$$

其中，C 是一个常数。

在 Matlab 中，二维离散小波变换对于图像的处理是通过函数的形式来进行的，主要的处理函数如表 3-1 所示。

表 3-1   常用的离散小波变换(DWT) 函数

函数名	函 数 功 能
dwt2	二维离散小波变换
wavedec2	二维信号的多层小波分解
idwt2	二维离散小波反变换
upcoef2	由多层小波分解重构近似分量或细节分量
wcodemat	对矩阵进行量化编码

第4章 深度学习图像处理技术

深度学习技术在当今社会发挥着越来越重要的作用，人的大脑具有深度结构，因此，认知过程是一个复杂的脑活动过程。深度学习是计算机和智能网络最接近人脑的智能学习方法。

4.1 深度学习的概念

深度学习(Deep Learning)是通过构建具有很多隐层的机器学习模型和海量的训练数据，来学习更有用的特征，从而最终提升分类或预测的准确性。因此，"深度模型"是手段，"特征学习"是目的。

深度学习的起源包括感知器和玻尔兹曼机。在起源于"感知器"的深度学习中，最基本的结构是把多个感知器组合到一起得到多层感知器。多层结构的感知器与类似人体视觉皮质结构结合而得到卷积神经网络。在起源于"基于图模型的玻尔兹曼机"的深度学习中，多个玻尔兹曼机组合到一起变成深度信念网络和深度玻尔兹曼机。起源于感知器的深度学习是一种有监督学习，根据期望输出训练网络；而起源于受限玻尔兹曼机的深度学习是一种无监督学习，只根据特定的训练数据训练网络。(高扬等，2017)

深度学习是机器学习的一个特定分支，具有相对于其他典型机器学习方法更强大的能力和灵活性。它除了可以完成机器学习的学习功能之外，还具有特征提取的功能，简单地说，深度学习会自动提取简单而抽象的特征，并组合成更加复杂的特征。深度学习本来并不是一种独立的学习方法，其本身也会用到有监督和无监督的学习方法来训练深度神经网络。但由于近几年该领域发展迅猛，一些特有的学习手段相继被提出(如残差网络)，因此越来越多的人将其单独看作一种学习方法。

深度学习最早应用在图像识别领域，随着技术的不断发展，深度学习慢慢应用到机器学习的各个领域，如计算机视觉、语音识别、自然语言处理、音频处理、计算机游戏、搜索引擎和医学诊断等。

如图 4-1、图 4-2 所示，传统机器学习算法在样本数据输入模型之前需要进行人工特征提取，通过算法更新模型的权重参数。当符合样本特征的数据输入模型时，模型就可以得出预测结果。深度学习算法不需要人工特征提取的过程，而是将样本数据输入算法模型中，模型会从样本中提取基本的图像特征，随着模型的加深，从提取的基本特征中组合出更高层的特征。经过一系列的特征提取，此时的特征还是抽象的，在更深入的模型中，简单的特征被进一步组合，转化成更加复杂的特征，使得不同类别的图像变得可分。最后，将提取到的特征经过类似机器学习算法中的更新模型权重参数等步骤，得到预测结果。

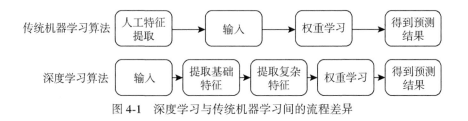

图 4-1 深度学习与传统机器学习间的流程差异

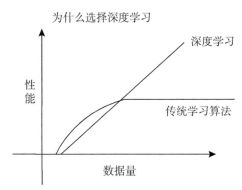

图 4-2 不同算法在拓宽数据量上的对比图

深度学习典型模型包括：前馈神经网络（Feedforward Neural Network，FFNN）、卷积神经网络（Convolutional Neural Network，CNN）、受限波尔兹曼机（Restricted Boltzmann Machine，RBN）、深度信念网络（Deep Belief Networks，DBN）和堆栈式自动编码器（Stacked Auto-encoders，SAE）等。

深度置信网络（DBN）采用非监督训练方式，处理随机梯度下降，但不能有效地进行训练，常用于图像识别、信号处理等；堆栈式自动编码器网络（SAE）采用非监督训练方式，用于降维与编码，不及监督学习的性能，常用于图像处理、语音处理等；卷积神经网络（CNN）采用监督训练方式处理图像数据，解决过拟合等问题，常用于图像识别、语音识别等。

4.2 卷积神经网络

卷积神经网络能够更深入地挖掘地物信息，表达深度特征。在图像识别、自然语言处理、灾难气候预测等方面都有卷积神经网络的身影。在道路实景影像信息提取中使用最多的网络也是卷积神经网络。本节将会对卷积神经网络做详细的介绍。

1. 卷积神经网络与深度学习

深度学习模型表达能力强，适合复杂特征的拟合，适用于图像处理领域，然而传统的全连接深度学习模型参数数量过多，制约了深度模型的层数、隐藏的神经元个数以及输入图像的大小及批样本数，对内存要求很高。同时计算量大导致计算速度缓慢，在图像处理领域存在诸多问题。

卷积神经网络与传统深度学习模型不同，CNN 模型在深度学习的历史中发挥了重要作用，是将研究大脑获得的深刻理解成功用于机器学习应用的关键例子，也是首批表现良好的深度模型之一。卷积神经网络是一种深度前馈神经网络，具有可学习的权值和偏移量。这类网络一般用于处理具有网络拓扑结构的数据。卷积神经网络的架构旨在利用具有多维结构的输入数据，其中包括输入图像的 2D 结构、语音信号，甚至一维时间序列数据。目前在图像识别、自然语言处理、灾难气候预测甚至围棋人工智能程序等领域都有应用，但是最主要的应用还是在图像识别领域。它比全连接网络计算效率更高，因此可以更容易地使用卷积神经网络运行多个实验并调整超参数，也可以容易地训练更大的网络。

2. 卷积神经网络的重要思想

传统的神经网络接收单个向量作为输入，并通过一系列潜在(隐藏)层到达中间状态。每个隐藏层由多个神经元组成，每个神经元都是与上一层的其他神经元全连接的。被称为"输出层"的最后一层也是全连接的，负责为分类打分。常规的三层神经网络如图 4-3 所示。

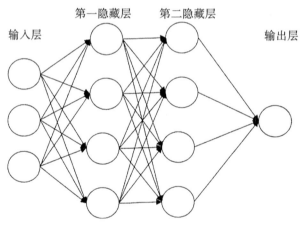

图 4-3　常规三层神经网络图

常规的神经网络在处理大规模图像数据时面临着巨大的挑战，随着图像尺寸的变化和维度的增加，单个神经元的权值总数将会迅速增加。此外，随着层数的增加，单个神经元的权值总数也会增加，并导致过拟合问题。同时，图像的可视化完全忽略了其复杂的 2D 空间结构。因此，从初始阶段开始，神经网络的全连接概念似乎不适用于较高维度的数据集。我们需要建立一个能够突破这两个限制的模型。解决该问题的方法之一是，使用卷积代替矩阵乘法。从一组卷积滤波器(核)中学习比从整个矩阵中学习要容易得多。与传统的神经网络不同，卷积神经网络的各层将神经元分为宽度、高度和深度 3 个维度。在卷积神经网络中，各层中的神经元不再是全连接的，而仅与上一层神经元的一个子集连接。

卷积神经网络是一类适合计算机视觉应用的神经网络，因为它们使用局部操作对表征进行分层抽象。有两大关键的设计思想推动了卷积架构在计算机视觉领域的成功应用。第一，CNN 利用了图像的 2D 结构，并且相邻区域内的像素通常是高度相关的。因此，CNN 就无需和大多数神经网络一样，使用所有像素单元之间的一对一连接，而是可以使用分组的局部连接。第二，CNN 架构依赖于特征共享，因此每个通道（即输出特征图）是在所有位置使用同一个过滤器进行卷积而生成的。

3. 卷积神经网络的一般结构

卷积神经网络的主要结构为输入层（input layer）、卷积层（convolution layer）、池化层（pooling layer）、全连接层（fully connected layer）和 softmax 层。每一层卷积层和池化层在上一层的输出结果基础上进行新一轮计算。卷积神经网络架构示意图如图 4-4 所示。通过多层卷积和池化，逐渐抽象出高层次的图像特征，能够很好地达到图像特征学习的效果。

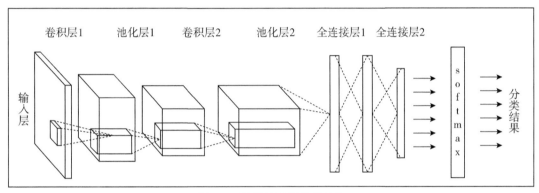

图 4-4 卷积神经网络的结构

输入层是整个神经网络的输入，一般代表图片的像素矩阵。不同的图像通道数具有不同的图片像素矩阵的深度。比如黑白图片为 1 通道，深度为 1；RGB 图像有 3 个通道，深度为 3。

卷积层可以说是 CNN 架构中最重要的步骤之一。基本而言，卷积是一种线性的、平移不变性的运算，其由在输入信号上执行局部加权的组合构成。根据所选择的权重集合（即所选择的点扩散函数（point spread function））的不同，也将揭示出输入信号的不同性质。卷积层由执行了卷积操作而得到的一系列的特征映射图组成。卷积层中每个单元只与上一层中的一个区域的单元存在连接关系，这个区域单元称为卷积核，常用卷积核大小为 3×3 或者 5×5。

池化是对图片进行压缩（降采样）的一种方法，对原始特征层的信息进行压缩，是卷积神经网络中重要的步骤。池化运算的目标是为位置和尺寸的改变带来一定程度的不变性以及在特征图内部和跨特征图聚合响应。池化层可以在宽度和高度方向上缩小矩阵大小，减少网络中的参数。在池化层上，主要的争论点是池化函数的选择。使用最广泛的两种池化函数分别是平均池化（average pooling）和最大池化（max pooling）。

在经过卷积和池化操作叠加处理后，可以从原始信息中过滤出高级特征，去除噪声，得到抽象的图像特征，为了完成分类任务仍需构建几个全连接层。经过全连接层完成分类任务或识别结果。softmax 层主要用于分类问题，经过 softmax 层可以得到当前样例中属于不同种类的概率分布情况。softmax 回归本身可以作为一个学习算法来优化分类结果，它只是神经网络中的一层额外的处理层。通过 softmax 层，可以得到输出图像所属类别的概率分布结果。

4. 卷积神经网络常用的激活函数

1）sigmoid 函数

使用 sigmoid 函数时（图 4-5），如果对输入数据进行加权求和得到的结果较大，则输出 1；较小则输出 0。即 sigmoid 函数的值域为 $[0, 1]$，公式如式（4-1）所示（周志华等，2016）：

$$y = \frac{1}{1 + e^{-x}} \tag{4-1}$$

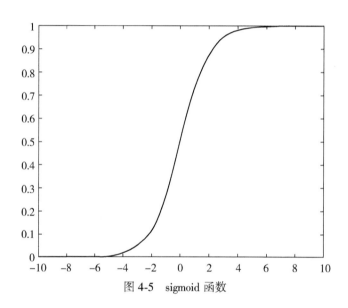

图 4-5　sigmoid 函数

2）tanh 函数

tanh 函数（图 4-6）较 sigmoid 函数有所提升。

$$\tanh(x) = \frac{e^x - e^{-x}}{e^x + e^{-x}} \tag{4-2}$$

3）修正线性函数（Rectified Linear Unit，ReLU）

ReLU（图 4-7）是很受欢迎的深度学习激活函数。

$$f(x) = \max(x, 0) \tag{4-3}$$

如果 x 小于或等于 0 则输出 0，如果 x 大于 0，则线性输出 x 的值。ReLU 函数有如下几个优点：

（1）解决了 gradient vanishing 问题（在正区间）；

（2）计算速度非常快，只需要判断输入是否大于 0；

（3）收敛速度远快于 sigmoid 和 tanh 函数。

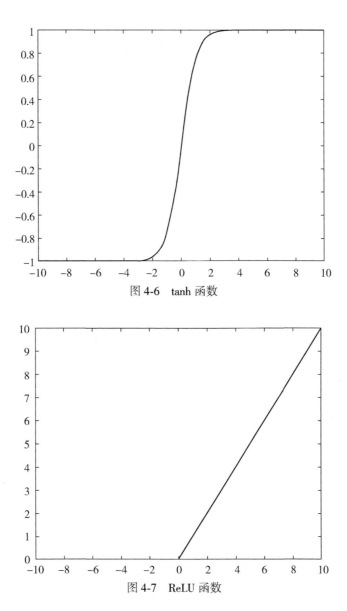

图 4-6   tanh 函数

图 4-7   ReLU 函数

4）softmax 函数

softmax 函数可视为 sigmoid 函数的泛化形式，一般用于多分类神经网络输出。

$$f(x) = \frac{\mathrm{e}^{x_i}}{\displaystyle\sum_{k=1}^{K} \mathrm{e}^{x_k}} \tag{4-4}$$

4.3   深度学习与图像识别

图像识别是人工智能应用的一个重要方面。伴随近几年深度学习算法的发展，尤其在深度卷积神经网络中的不断研究，使得图像识别的错误率连续下降，甚至在一些特定数据集上超越了人类，追溯到 2012 年，DNN 技术已将 ImageNet 数据库中的图像识别错误率降低至 15%。

图像识别是深度学习最重要的应用领域之一，可分为图像分类、目标检测、图像分割等。传统的计算机视觉方法主要通过手动提取特征，依靠人眼判断目标特征并使用相应的算法拟合特征来处理图像。因此，对先验知识有很高的要求，受限于算法对特征的拟合效果，特定的卷积核只能对特定的特征进行滤波，当在实际目标特征复杂的情况下，传统的图像处理方法不能对目标进行有效的检测。

图像识别与深度学习的关系非常密切。用传统方法进行图像识别，精度较低，错误率较高。目前，采用深度学习技术进行图像识别，可以克服复杂对象较难识别的问题。

4.3.1　图像分类

图像分类是描述输入图像输出之后的内容，在现实生活中应用广泛。传统方法对简单的图像分类有效，针对复杂的对象无法进行准确的图像分类。目前，我们使用深度学习的技术方法处理图像分类，具有精度高、错误率低的优势。

图像分类是解决给定一个输入图像，如何判断出输出图像属于多种类别中的某一种，并做好标签。多种类别的数据集来自预定好可能的类别集。输出图像选择最适合的类别。图像分类的过程就是分析一个输入图像，最终得到一个输出图像的图像分类标签。图像分类的最终结果是精确判断输入图像中各种对象的类别。图像分类的精确度为后续网络模型的训练提供了保障。

对图 4-8 进行图像分类，通过计算机视觉，判断这张图片的类别。最后确定这张图像分类的结果为行人和车。

(a)原始图像　　　　　　　　　　　　　　(b)图像分类

图 4-8　图像分类示意图

图像分类的任务就是对于一个输入的图像，判断它属于某一类标签的可能性或者概率大小。深度学习方法进行图像分类常采用卷积神经网络，常采用的网络模型包括五种，对这些网络模型特点进行对比分析，如表 4-1 所示。

表 4-1　　　　　　　　　　　　图像分类网络模型算法对比

网络模型名称	特　点
LeNet-5	该模型随着网络深度的增加，图像的亮度和宽度减小
AlexNet	该模型使用 ReLU 作为激活函数，减弱了 sigmoid 在该网络训练中越来越深的时候产生的问题
VGGNet	该模型与 AlexNet 很相似，提出了小卷积核的概念
GoogleNet	该模型采用了模块化的 inception 结构，模型中采用了平均池化并且移除了全连接
ResNet	该模型提出了残差学习的思想

4.3.2　目标检测

目标检测完成输出目标的类别信息和输出目标的具体位置信息两个任务。目标检测既是分类任务，又是确定位置信息的任务(言有三，2019)。

目标检测用于目标对象，例如行人、名胜古迹、动物和植物等。目标检测在图像、图片或者视频中找到一个对象，并在该对象周围绘制一个边界框。首先我们对图像中的目标进行图像分类，分类后确定类型，在对象周围绘制一个边界框。从简单的图像、单个目标分类开始，然后确定分类后目标的位置，再进行多个目标类别的分类和位置的确定。

目前，目标检测常用于自动驾驶汽车研究和行人人脸跟踪等领域。目标检测的基本流程图如图 4-9 所示。选择区域可以使特征提取和分类器分类的精确度得到保障，减少时间复杂度。由于图像中的目标可能具有不规则性，特征提取影响最终目标检测的精度。分类器分类使得区域选择更具有指向性和适应性。

图 4-9　目标检测基本流程图

用于目标检测的常见模型架构：R-CNN、Fast R-CNN、Faster R-CNN、Mask R-CNN、SSD(单点多框检测器)、YOLO。其中，经典的 R-CNN、Fast R-CNN、Faster R-CNN，主要是先在第一步产生 ROI(Region of Interest)，然后在第二步根据第一步中 ROI 的结果进行微调。YOLO、SSD 方法采用卷积神经网络预测不同目标的类别和位置。与常用于目标检测的模型进行对比分析，如表 4-2 所示，车和行人目标检测如图 4-10 所示。

表 4-2　　　　　　　　　　　　图像分类网络模型算法对比

网络模型名称	特　点
R-CNN	该模型使用 SVM 分类器进行分类，训练的时间和空间复杂度都很高

网络模型名称	特　　点
SPP-NET	该模型要求全连接层的输入必须是同一长度。该模型在很大程度上加快了 R-CNN 目标检测的速度
Fast R-CNN	该模型采用 softmax 进行分类，较 R-CNN 和 SPP-NET 性能较好
Faster R-CNN	该模型采用 RPN 网络提取候选区域
YOLO	该模型是基于回归方法的，不需要区域选择
SSD	该模型将 YOLO 和 Faster R-CNN 的思想结合起来

（a）原始图像　　　　　　　　　　　　　　（b）目标检测

图 4-10　目标检测示意图

4.3.3　语义分割

图像的语义分割是计算机视觉中非常重要的任务。它的目标是为图像中的每个像素分类。如果能够快速准确地做图像分割，很多问题将会迎刃而解。因此，它的应用领域包括但不限于：自动驾驶、图像美化、三维重建等。

图像语义分割，简单而言就是给定一张图片，对图片上的每一个像素点进行分类，根据对象的内容进行图像分割，分割的依据是内容，即对象类别。按分割目的划分普通分割：将不同分属不同物体的像素区域分开，比如前景与后景分割开，狗的区域和猫的区域与背景分割开。

语义分割是计算机视觉中的基本任务，在语义分割中我们需要将视觉输入分为不同的语义可解释类别，语义的可解释性即分类类别在真实世界中是有意义的。在普通分割的基础上，分类出每一块区域的语义（即这块区域是什么物体），将画面中的所有物体都指出它们各自的类别。它的目标是：对每个像素点进行密集的预测，这样每个像素点均被标注上一周期对应物体或区域的类别。

如图 4-11 所示，有必要区分图中的每个像素，而不仅仅是矩形框。但是同一对象的不同实例不需要分别进行标注，只需标为人和车，不需要标记为行人 1 和行人 2。

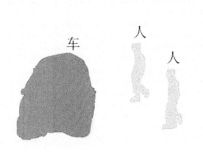

(a)原始图像 (b)语义分割

图 4-11 语义分割示意图

常用于图像语义分割的模型包括 FCN、UNET、DeepLab V1、DeepLab V2、DeepLab V3 和 DeepLab V3+等。各网络模型的对比如表 4-3 所示。

表 4-3 图像分类网络模型算法对比

网络模型名称	特　点
FCN	该模型全卷积化，使用多层特征融合可以有效地提高精度
UNET	该模型网络非常简单，前半部分特征提取，后半部分上采样
DeepLab V1	该模型是在 VGG 的基础上改造而成的
DeepLab V2	该模型相对于 DeepLab V1 增加了 SPP
DeepLab V3	该模型使用了 Mulit-Grid 策略
DeepLab V3+	该模型将 DeepLab 的 DCNN 部分看作 Encoder

4.3.4　实例分割

目标检测是将图片中的位置检测出来并给出相应的物体类别。语义分割给出每个像素的类别，只区分类别，不区分是否为同一个物体。实例分割确定图像目标的类别并区分是否为同一个物体。

原则上，实例分割是目标检测和语义分割的组合，但是存在差异。与目标检测相比，实例分割需要更精确地获取目标对象的边界范围。与语义分割相比，实例分割需要标记图像目标同一对象的不同个体。

如图 4-12 所示我们不仅要满足语义分割的内容，还需要标注出图像目标对象同一物体的不同个体(图上用不同颜色表示了行人的个体)。

常用于实例分割的网络模型有 DeepMask 和 Mask R-CNN 等。这两种网络模型的对比如表 4-4 所示。

(a)原始图像　　　　　　　　　　　　(b)实例分割

图 4-12　实例分割示意图

表 4-4 　　　　　　　　　　　　**图像分类网络模型算法对比**

网络模型名称	特　　点
DeepMask	该模型使用 VGG 模型作为特征提取的模块
Mask R-CNN	该模型继承于 Faster R-CNN

第 5 章　实景影像交通标志信息提取

随着经济的快速发展，各种各样的交通安全问题频繁发生。为了减少和解决交通问题，更全面地掌握路面情况，更好地建设城市智慧交通，将实景影像与深度学习相结合，为交通标志信息的提取与识别提供高效、准确的方法。

5.1　实景影像交通标志的特征分析

道路交通标志是道路信息组成中的一个不可或缺的部分，是显示信息道路交通法及路面信息内容的图形符号，用于管理交通出行、标示驾驶方位以确保路面通畅与安全驾驶的设备。

5.1.1　道路交通标志概念

道路交通标志是一种重要的道路设施，通常是由图形、符号、文字、颜色来传递信息的，通过这种标志可以简洁明了地了解道路的状态，为行驶的安全给予保障，俗称"不休息的交警"（石茂清，2005）。现行的交通标志国家标准是由国家标准局批准的《道路交通标志和标线》（GB 5768—2009），并予以实施。

5.1.2　道路交通标志的分类

交通标志分为主标志与辅标志两类，主标志又分为四类，分别是警告标志、禁令标志、指示标志、指路标志。

1. 警告标志

道路警告标志是对行人及车辆进行警示的一种标志，标志的主要形状为三角形，颜色则均采用黄色及黑色，一般以黄色为背景，边框及字符为黑色，常用的警告标志有 49 种，如图 5-1 所示。

图 5-1　道路警告标志

2. 禁令标志

道路禁令标志是对行人的行程进行限制、禁止的一种道路信息，除了个别标志外，颜色大多为白底、红圈、红杠、黑图案、图案压杠。而具有个别颜色的禁令标志有：禁止驶入、停车让行、解除禁令、会车让行等。其中，禁止驶入与停车让行是红底、白杠或白字。解除禁令标志是白底、黑圈、黑图案。会车让行是白底、红圈、红黑两色图案。禁令标志的形状为圆形、八角形、顶角向下的等边三角形，如图 5-2 所示。

图 5-2　禁令标志

3. 指示标志

道路指示标志是指示车辆、行人行走的一种道路信息，一般其形状为规则图形，分别为圆形、正方形与长方形。颜色则为蓝、白两色，以蓝色为底、白色为文字符号，如图 5-3 所示。

图 5-3　指示标志

4. 指路标志

道路指路标志是传递道路的方向、距离及地点的标志，除了里程碑、百米桩之外，其颜色多为蓝底白图案，高速公路多为绿底白图案，形状为矩形。如图 5-4 所示，为常见的道路指路标志。

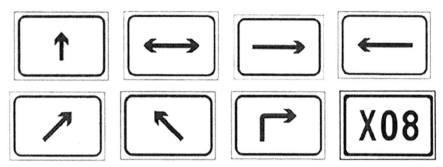

图 5-4 道路指路标志

除了以上四种常用的主标志外，还有辅标志。辅标志是辅设在主标志之下，给主标志以辅助说明的作用，不能单独设立与使用，一般形状为矩形，颜色多为白底、黑字或黑图案、黑边框。一般辅标志分为四类：车辆种类、时间、区域或距离、禁令和警告的理由。

5.2　实景影像交通标志的提取方法

道路交通标志图像因外界影响，存在噪声，使得交通标志图像中各类信息的对比度较低，因此在进行交通标志识别之前，应对原始图像进行预处理，流程如图 5-5 所示。

图 5-5　图像预处理一般流程

5.2.1　交通标志图像预处理

由于现实中天气、噪声、光线等不确定因素的影响，待处理的图像不能达到统一的标准，如果不加以处理，就会对后期的检测与识别有影响。这个时候就需要进行图像预处理。图像预处理操作倾向于凸显系统感兴趣的数据，同时对于机器识别来说，处理后的图像更适宜进行操作分析。能够减轻环境等因素带来的影响，画面的质量相应得到提高，输入的样本图像也更加可靠。因此图像预处理是必要的。图像的预处理主要分为三个步骤：图像灰度化、图像平滑、图像增强、图像归一化。

1. 图像灰度化

道路交通标志检测与识别是在实景的道路影像中提取所需要的图像，因此由于摄影的技术、角度、光线等因素的影响，图像显示的色彩与事物本身的色彩可能存在差距。相同颜色的区域较多，色彩条件的稳定性相应降低。同时标志的颜色变化是无法预计的。而如果使用颜色进行检测与识别，就势必会影响检测结果，因此为了避免实验结果受到影响，同时为了避免图像存储资源的浪费，可以采取灰度化的方式去避免(肖亚斌，2018)。

2. 图像平滑

图像平滑也就是图像去噪。由于采集设备或外界采集条件的影响，获得的图像存在噪声，会淹没图像信息特征，干扰对图像中信息的识别与提取。根据不同的产生原因，图像存在的噪声有不同的类型：加性噪声（椒盐噪声、高斯噪声）、乘性噪声、内/外部噪声等。不同的噪声有不同的去噪方法，通常使用的去除图像噪声的方法有：均值滤波、高斯滤波、中值滤波和双边滤波。

3. 图像增强

在复杂条件下采集的图像样品，由于设备、环境等因素影响较大，光学效应及大气湍流等问题，加上拍摄器械与交通标志物的相对运动，都会使图像出现运动模糊、随机噪声。噪声或模糊对图像的影响都被称为图像退化。这种退化会使图像受损，会影响后续的检测及分类。因此图像要进行预处理，利用相关的图像增强技术，减轻这些问题带来的影响。这里的图像增强操作包括图像噪声消除、图像运动模糊消除。

1）图像噪声消除

消除噪声通常采用平滑滤波方法，主要有三个方法：均值滤波、高斯滤波、中值滤波。

2）图像运动模糊消除

图像运动模糊消除主要有两种方法：维纳滤波、逆滤波。

4. 图像归一化

图像归一化，是使用图像的不变矩阵寻找一组参数，将需要处理的原始图像转换成相同的标准，使得图像对平移、旋转、缩放等仿射变换具有不变特性。图像归一化过程一般包括四个步骤：坐标中心化、x-shearing 归一化、缩放归一化和旋转归一化。基于深度学习交通标志识别与分类的实验中，对图像进行归一化可提高模型的学习速度，加快模型的收敛速度。

5.2.2　交通标志检测与分类

交通标志检测是交通标志识别的第一步，检测的任务是在待识别的图像中分割出候选区域，并从候选区域中筛选出真正包含交通标志的区域。由于分类阶段会将检测阶段的区域赋予个别具体便签，检测一旦出现错误，会影响整体识别的结果，同时检测的快慢也是是否能够满足实时性要求的关键。检测的主要步骤分为：输入图片、提取候选区域、提取特征和分类结果（即交通标志/非交通标志）。

1. 候选区域提取

1）HSV 颜色分割

首先使用基于颜色的分割方法实现交通标志区域的粗提取，颜色分割后会排除大量背景区域的干扰，然后根据交通标志图案的特点使用检测连通域的方法进一步获取候选区域。

2）最大稳定极值区域检测

最大稳定极值区域（Maximum Stable Extremal Region，MSER）算法是一种基于分水岭思想的区域检测算法，它根据不同的阈值对图像进行二值化，阈值范围为[0，255]，这种二值化让图像经历从全白到全黑的变化过程。在变化的过程中，那些大小受阈值变化影响小、形状基本保持不变的连通区域就是 MSER。传统的检测方法是通过滑动窗口的方式在图像上进行移动的，但是每移动一个窗口都需要提取相应特征并用分类器去判断是否为交通标志，因此这种传统的方式比较浪费时间，效率低，而 MSER 这种检测方法可以大大提高效率。

2. 候选区域识别

候选区域识别问题其实就是一个二分类的问题。首先通过提取候选区域的相应特征将候选区域分为交通标志区域与非交通标志区域。通常在进行目标检测时，采用方向梯度直方图可以取得很好的效果。一般对于候选区的识别是采用 HOG 特征和 SVM 分类器组合来完成对候选区域的进一步筛选（孙家阔，2018）。

1）HOG 特征

HOG 特征是一种通过计算图像局部区域的梯度，然后将各个区域的梯度信息收集起来构成特征向量，它是由法国的研究院提出的。HOG 特征描述本质上就是图像梯度的统计信息。

而通过传统的 HOG 与 SVM 分类器结合可以获得很好的效果，但也有相应的缺点：由于特征向量的纬度高，因此提取相对耗时。如果减少 HOG 特征的纬度，可以减少提取特征的时间，同时也会减少 SVM 分类的时间。

2）SVM 二分类

SVM 是一种从统计学理论发展而来的二类分类模型，是一个以确定一个分类的超平面为目标的模型。这个超平面能使得样本在特征空间上的间隔最大。该分类超平面的确定只取决于少量样本信息，这些少数的关键样本被称为支持向量（Support Vector）。有些分类模型虽然在训练集中表现突出，但在测试集上效果很差，也即发生了过拟合。而 SVM 是一种在保证对训练数据集学习精度的基础上尽可能提高模型在未知数据集上的分类性能的方法理论，它不仅考虑模型在训练集上的误差，也重视模型的泛化能力。

理解线性分类器是理解 SVM 工作原理的关键，即给定输入样本 X，样本标签 Y，Y 分别取 1 和−1，分别代表两种不同的类别。线性分类器的学习目标便是要在样本数据空间维度上确定一个把输入样本分成两类并且间隔最大的超平面。

如图 5-6 所示，二维平面上分别有 A、B 两种不同的数据，分别可以用矩形和圆形表示。图中超平面 H_1 和 H_3 上的点叫作支持向量，它们之间的间隔是两类数据的最大间隔。SVM 确定的分割超平面 H_2 距离 H_1 和 H_3 等距离，超平面 H_2 的方程可以表示为：

$$w^{\mathrm{T}}x + b = 0$$

其中，w 和 x 分为 n 维列向量，x 为平面上的点，w 表示超平面的法向量（w^{T} 为向量 w 的转置），决定了超平面的方向；b 为位移项，决定了超平面到原点的距离。

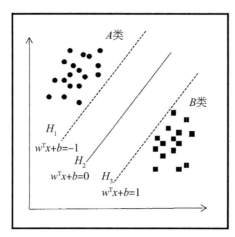

图 5-6　二维空间 SVM 分割超平面图示

一个线性函数本质上是一个函数值为连续实数的实值函数，而分类问题需要输出的是离散的数值，可通过设置阈值来完成这一转换。对于超平面 H_2，我们取阈值为 0，由 $w^{\mathrm{T}}x + b = 0$ 得，当 $f(x) = w^{\mathrm{T}}x + b = 0$，$x$ 就表示 H_2 上的点，$f(x) > 0$ 的点对应 B 类数据，$f(x) > 0$ 的点对应 A 类数据。对具体每个样本数据进行分类时，根据 $f(x)$ 的计算结果与阈值比较来完成对样本的二分类。

3）交通标志检测算法完整流程

交通标志检测算法的步骤，首先将图像转化到对光照变化不敏感的 HSV 颜色空间下，基于颜色的特点设定阈值，从而进行对交通标志像素点的分割，这个操作可以大大排除背景区域的干扰。交通标志图案色调均匀、统一，颜色分割后，它是一种以稳定的连通域的形式存在的。因此，可以采用 MSER 算法检测出来的区域的长度、宽度以及长宽比做出限制，将过大或者过小的区域都删除，直接排除不能进入检测阶段的分类步骤。对应粗筛选后的候选区域，使用 HOG 与离线训练好的 SVM 分类器进行二分类，找到真实包含交通标志的区域。SVM 分类器需要提前在一定数量的正负样本数据集中通过提取改进的 HOG 特征完成训练，最后模型输出的是交通标志区域以及区域在图像中的坐标位置。

3. 交通标志的分类

交通标志的分类是指对于交通标志检测阶段输出的交通标志区域进行具体类别的判断，一般使用卷积神经网络对交通标志进行分类。交通标志分类模型的准确率是衡量交通标志识别系统性能的重要标准，并且在一定的准确率的基础上，应该尽可能地提高分类算法运行的效率，从而满足系统对于实时性的要求。

5.3　实景影像交通标志信息提取实例

实验采用德国的交通标志作为数据集，保证了数据集的数量及质量。同时采用

tensorflow 框架这种可用性高、流程简单的框架，通过 dropout 防过拟合，并利用 ADAM 优化算法来减小损失函数，提高实验的精度，确保对道路交通标志信息提取的准确度。

5.3.1 实验数据集介绍

实验采用德国交通数据集（GTSRB 数据集），其中共包括 43 类交通标志，但均以 pickle 格式存储及读取：训练集 34799 张，验证集 4410 张，测试集 12630 张。其数据图像尺寸统一，均在 32×32 像素左右，并且每一张图像中只包含一个交通标志。表 5-1 所示为训练集中各类交通标志的示例图像。

表 5-1 训练集中各类交通标志的示例图像

标签号	示例图像	标签号	示例图像	标签号	示例图像
00000		00011		00022	
00001		00012		00023	
00002		00013		00024	
00003		00014		00025	
00004		00015		00026	
00005		00016		00027	
00006		00017		00028	
00007		00018		00029	
00008		00019		00030	
00009		00020		00031	
00010		00021		00032	

续表

标签号	示例图像	标签号	示例图像	标签号	示例图像
00033		00043		00053	
00034		00044		00054	
00035		00045		00055	
00036		00046		00056	
00037		00047		00057	
00038		00048		00058	
00039		00049		00059	
00040		00050		00060	
00041		00051		00061	
00042		00052			

5.3.2　实验环境

随着技术的不断更新，深度学习理论的提高，出现了很多开源的深度学习框架，如 tensorflow、caffe、keras、theano 等。本书中采用的是 tensorflow 框架，因为其框架可用性高，tensorflow 工作流程相对容易和简便，其 API 稳定，兼容性好；其框架更加灵活和高效，可以在各种类型的计算机上运行，也可以同时在 CPU 和 GPU 上运行。

主要需要下载的是：首先下载 anaconda，版本为 anaconda3-5.2.0-windows-x86_64，安装后自带 python3.6；其次下载 cuda(英伟达 gpu 驱动)，版本为 cuda_9.0.176_win10；然后下载 cuDNN(the NVIDIA CUDA © Deep Neural Network library)，版本为 cudnn-9.0-windows10-x64-v7；最后下载 tensorflow1.9.0，CPU 版本为 tensorflow-1.9.0-cp36-cp36m-win _amd64. whl，GPU 版本为 tensorflow_gpu-1. 9. 0-cp36-cp36m-win_amd64. whl。

搭建 tensorflow 的主要操作如下：

(1)首先下载所需要安装的程序，anaconda 可在官网上下载，也可以在清华大学开源软件镜像站中下载。之后下载 cuda 和 cudnn，可在英伟达官方网站下载。之后下载 tensorflow1. 9. 0 的安装包。

(2)然后安装 cuda，下载的 cudnn 为压缩包，直接解压，将解压后的文件夹复制替换到 cudnn 中的文件夹内。cudnn 中的文件夹直接替换 cuda 中的 bin，include，lib 文件夹。

(3)打开 anaconda prompt，输入如下代码：

```
Cd downloads(打开文件路径)
Pip install tensorflow-1.9.0-cp36-cp36m-win_amd64.whl(通过 pip 开始安装 cpu 版)
Pip install tensorflow_gpu-1.9.0-cp36-cp36m-win_amd64.whl(通过 pip 开始安装 gpu 版)
```

(4)打开 spyder 编译器，运行测试文件，其代码如图 5-7 所示。

```
1 # -*- coding: utf-8 -*-
2 """
3 Created on Wed Dec 20 00:17:23 2017
4
5 @author: admin
6 """
7 import tensorflow as tf
8 matrix1 = tf.constant([[2., 1.]])
9 matrix2 = tf.constant([[2.],[2.]])
10 product = tf.matmul(matrix1, matrix2)
11 sess = tf.Session()
12 result = sess.run(product)
13 print(result)
14 sess.close()
15
```

图 5-7　测试文件代码

运行成功，显示运行结果如图 5-8 所示。

```
In [1]: runfile('C:/Users/Administrator/Downloads/ten.py', wdir='C:/Users/
Administrator/Downloads')
D:\Anaconda3\lib\site-packages\h5py\__init__.py:36: FutureWarning: Conversion
of the second argument of issubdtype from `float` to `np.floating` is
deprecated. In future, it will be treated as `np.float64 ==
np.dtype(float).type`.
  from ._conv import register_converters as _register_converters
[[6.]]
```

图 5-8　运行结果

该程序为一个简单测试，用于验证 tensorflow 框架是否搭建成功，将其代码进行简单矩阵运算，成功运行，显示运算结果证明框架搭建成功。

5.3.3　通过 dropout 防止过拟合

在本实验中，通过不断改进 LeNet 模型，让其具有一定的网络模型深度，训练的参数增多，在训练模型的时候非常容易出现过拟合的情况，当迭代次数不断增加，模型识别验证数据集的精度会达到一个最大值，在这之后识别精度会出现下降，这时候就出现了过拟合。这意味着，训练产生的模型过度拟合于训练数据，在识别已有的数据，如果是训练集或验证集的数据时，会有较高的正确率。但是，如果用这个模型识别一些不在数据集中的数据，也就是未知数据时，正确率会下降，图 5-9 分别展示了回归和分类问题中的欠拟合、正确拟合、过拟合。

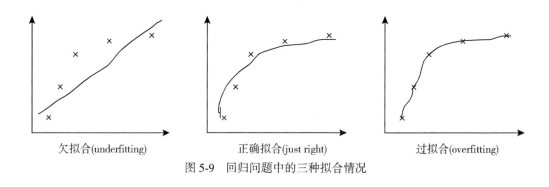

图 5-9　回归问题中的三种拟合情况

在分类问题中，如果模型太过简单或训练集数据量太少，这时会导致出现欠拟合，使得模型识别图像特征时不准确，有较大误差；如果模型较复杂，层次较深，同时训练集的数据不够充分，就会出现过拟合，在训练时对测试集和验证集识别会有较高的准确率，但是识别新的数据图像时识别准确率较低。在正确拟合中，虽然在识别分类时会出现一些偏差，但是可以使模型有更大的泛化能力，即对未知数据的识别分类精度会更高。在深度学习中，我们都是通过训练集中的数据来学习模型，所以对未知数据的识别即泛化能力，更加重要，而不是仅仅与测试集完全拟合，如图 5-10 所示。

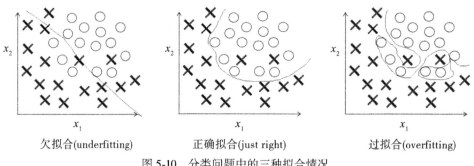

图 5-10　分类问题中的三种拟合情况

在训练模型时一般有以下几种方法防止神经网络模型中出现过拟合现象：首先可以通

过增加更多的数据集来防止过拟合；其次可以减少网络参数的个数，减少网络深度，即减小网络容量；还可以采用权重正则化和 dropout 来防止过拟合，如图 5-11 所示。当没有更大的数据集或数据集成本较高，而且需要更复杂的网络模型提取更多的特征信息时，后两种方法能更好地解决过拟合问题，如图 5-11 所示。

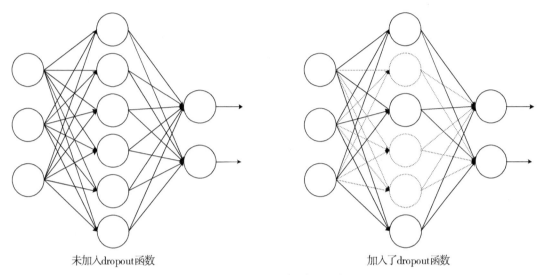

未加入dropout函数　　　　　　　　　加入了dropout函数

图 5-11　dropout 函数的操作

在本书的网络模型中选择 dropout 来解决过拟合问题。在 tensorflow 中，tf. nn. dropout 这个函数就是为了解决过拟合问题。在 LeNet 网络模型中，将 tf. nn. dropout 函数放在全连接层进行操作，如图 5-11 所示，在训练时通过 dropout 函数随机扔掉（drop）一部分神经元，使得这一部分神经网络变得不完整。在训练中，被扔掉的神经元不在网络中计算，也不更新权值，在下一次训练中 dropout 函数又会随机选择一些神经元扔掉，不参与网络中的计算，也不更新权值。这样使得我们在进行分类时，每一次都不会只依靠特定的神经元进行分类，从而防止过拟合。在 LeNet 网络模型中，在最后两层全连接中都加入 dropout 函数，每一层随机保留 50% 的神经元。

5.3.4　损失函数与 ADAM 优化算法

1. 损失函数

在深度学习中，损失函数（loss function）是非常重要的一部分，损失函数的作用是用来评价分类后的输出值与正确值之间的相似程度，模型的损失函数越小，说明模型有比较高的精度和较好的有效性，即鲁棒性更好。

在模型训练中，损失函数表示为数据集中的数据在模型中预测到的分类概率与正确分类的相似程度。我们可以输出损失函数的数值来判断当前模型与正确分类的似然度。在 tensorflow 中，常用的损失函数有回归模型的损失函数、分类模型的损失函数等。书中采用的 LeNet 模型在第二个全连接层使用 softmax 分类器进行分类，并选择概率最大的类别作为模型预测分类结果进行输出。所以选择 softmax 交叉熵作为损失函数。

交叉熵，即对数似然函数，其描述的是两个概率分布之间的距离，当交叉熵小的时候，就代表两个概率分布更加相似，其函数公式如式(5-1)所示，p 为正确答案，即正确分类，q 为预测答案，即模型预测类别。

$$H(p, q) = - \sum p(x) \log_2 q(x) \tag{5-1}$$

由上章介绍的 softmax 函数，可以推导出 softmax 交叉熵函数表达式如式(5-2)所示。

$$L_i = - \log_2 \left(\frac{e^{f_{y_i}}}{\sum_j e^{f_j}} \right) \tag{5-2}$$

$$L_i = -f_{y_i} + \log_2 \sum_j e^{f_j} \tag{5-3}$$

在 tensorflow 中，其具体代码如图 5-12 所示。在这个函数中，labels 是类别的标签属性，其数据为[BATCH_SIZE，N_CLASSES]，BATCH_SIZE 为每一次放入网络的图像张数，N_CLASSES 为类别的总个数，其数据类型均为 float64。logits 的参数是神经网络最后的输出，这也是整个函数的输入参数。之后函数会计算两者之间的交叉熵，然后通过 reduce_mean() 函数来获得损失值。

tf.nn.softmax_cross_entropy_with_logits(_sentinel=None,labels=None,logits=None,dim=-1,name=None)

图 5-12　softmax 的损失函数

2. ADAM 优化算法

在卷积神经网络中，优化算法是通过一定的策略和算法来改善训练方式，从而减小损失函数。目前在优化神经网络中，最常用的是梯度下降优化算法。在反向传播算法中也是通过更高效的方法对所有参数使用梯度下降算法，从而在训练中减小损失函数，根据损失函数优化神经网络中的参数，从而使损失函数逐渐减小趋于收敛。

在神经网络中，优化过程分为两部分：第一部分是在向前传播算法中，计算预测值，即训练时预测的交通标志类型，通过损失函数计算预测值与真实值(已正确地标注交通标志类型)之间的差距；第二部分，利用反向传播算法进而计算损失函数关于参数的梯度，通过梯度与学习率，使用梯度下降算法更新参数。但是梯度下降算法存在一定问题：首先梯度下降算法不能保证收敛到全局最优解；其次初始参数的数值对模型影响很大；最后梯度下降算法效率低，计算时间长。参数更新公式如式(5-4)所示。

$$w(k + 1) = w(k) - \nabla_w J(w) \tag{5-4}$$

式中，k 表示迭代次数；w 表示网络中的权值参数；$\nabla_w J(w)$ 表示损失函数在所有训练数据上的权值和梯度和。

为了优化网络模型，并解决以上出现的问题，提高模型训练效率，减少模型训练时间，本书中采用 ADAM 优化算法，自适应矩估计(Adaptive Moment Estimation)，这种算法也是梯度下降算法的一种，其每次训练时每一个参数都会有自己相对应的学习率，其本质是利用梯度来更新模型中的参数。ADAM 优化算法会保存一个先前指数衰减的平方梯度 $v(t)$，即二阶矩估计，还会保存先前梯度的指数衰减均值 $m(t)$，即一阶矩估计，其公式如式(5-5)、式(5-6)所示。

$$m_t = \beta_1 m_{t-1} + (1 - \beta_1)g_t \tag{5-5}$$

$$v_t = \beta_2 v_{t-1} + (1 - \beta_2)g_t^2 \tag{5-6}$$

将通过上述公式计算得到的 v_t 和 m_t 分别进行偏差计算，如式(5-7)、式(5-8)所示。

$$\hat{m}_t = \frac{m_t}{1 - \beta_1^t} \tag{5-7}$$

$$\hat{v}_t = \frac{v_t}{1 - \beta_2^t} \tag{5-8}$$

最后利用上述网络更新参数模型来更新参数，ADAM 的更新公式如式(5-9)所示。

$$\theta_{t+1} = \theta_t - \frac{\eta}{\sqrt{\hat{v}_t} + \epsilon} \hat{m}_t \tag{5-9}$$

β_1 取默认值为 0.9，其取值为接近 1 的常数，用来作为一阶矩估计的指数衰减因子；β_2 取值为 0.999，其取值也为接近 1 的常数，用来作为二阶矩估计的指数衰减因子；ϵ 为 10^{-8}，其取值应该大于零，并接近于零。

在本书中的 T2-LeNet 模型中，使用 ADAM 优化算法效果更好。与其他梯度下降的优化算法相比，其学习效率更加有效，收敛速度更快。

5.3.5 模型参数设置

实验中不断改进 LeNet 模型，其模型的层次结构如图 5-13 所示，参数设置如表 5-2 所示，整体上由两个卷积层、两个池化层、两个全连接层、一个输入层和一个输出层组成，如图 5-13 所示。

在交通标志识别时，数据集中的图像基本是 R、G、B 三通道，所以基于 LeNet 改进参数设置，每一个卷积层、池化层、全连接层都有不同的参数，本质上在卷积层中，增加了卷积核的个数，以便识别出图像中更多的特征信息。

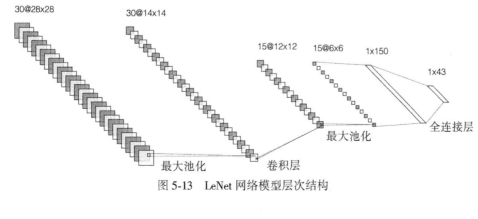

图 5-13 LeNet 网络模型层次结构

表 5-2　　　　　　　　　　　**LeNet 网络模型中各层次的参数设置**

名称	输入数据尺寸(像素)	过滤器大小	过滤器个数	输出数据大小	步长
卷积层 1	32×32×30	5×5	30	28×28×30	1
池化层 1	28×28×30	2×2	1	14×14×30	2
卷积层 2	14×14×36	3×3	15	12×12×15	1
池化层 2	12×2×15	2×2	1	6×6×15	2
全连接层 1	1×540×1	1×1	150	1×150×1	
全连接层 2	1×150×1	1×1	43	1×43×1	

输入层输入的数据为数据集中图像，输入数据大小为 32×32×3，其含义为 32×32 尺寸的图片，包含 R、G、B 三个通道。

第一个卷积层在 LeNet 网络模型中，每一层卷积都使用 5×5 大小的卷积核，步长为 1，本层中通过 30 个卷积核对输入 32×32×3 大小的交通标志图像进行卷积，最后输出数据尺寸为 28×28 大小的特征图。

第一个池化层将 28×28 大小的特征图作为池化层的输入，池化层采用的是 2×2 的输入域，池化方式采用最大池化，步长为 2，将尺寸缩小为 14×14。

第二个卷积层，通过 15 个 3×3 的卷积核，步长为 1，最后输出数据尺寸为 12×12 的特征图。

第二个池化层将 12×12 大小的特征图作为池化层的输入，池化层采用的是 2×2 的输入域，池化方式采用最大池化，步长为 2，将尺寸缩小为 6×6 的特征图。

通过以上步骤，从原图得到 6×6×15 的特征图，通过 reshape 函数将特征图拉伸为向量，其大小为 1×540×1。将这个向量输入第一个前连接中。

第二个全连接层用于输出分类，在后面添加 softmax 层，输出分类的概率，然后使用 softmax 交叉熵函数计算出损失函数数值。

5.3.6　实验过程及分析

在 LeNet 模型算法构建完成后，就可以开始训练识别交通标志的模型了。在训练时，由于训练集的数据量大，数据类别多，所以在输入图像时采用分批次输入，epoch = 20，batch_size = 400，learningrate = 0.001，activation = 'relu' & 'softmax'，开始训练模型。由图 5-14 可以看到，随着迭代次数的增加，模型识别交通标志的精度不断提高，在 epoch = 2.5 左右，可以看到识别精度随着迭代次数的增多而急速增加，在 epoch = 10 之后渐渐变得平缓，测试集识别精度在 0.8864608 左右。loss 函数变化图像展示出损失函数随着训练数据的增加，模型识别精度的变化。损失函数整体上随着 epoch 次数的增加而减小，验证集的 loss 远小于训练集的 loss，说明训练集过拟合。

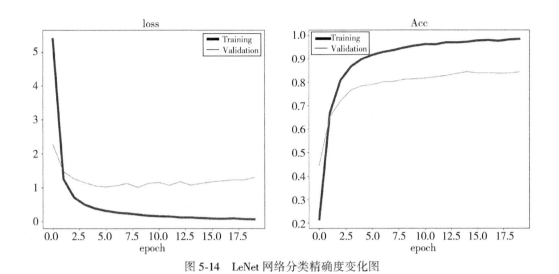

图 5-14 LeNet 网络分类精确度变化图

接着，增加 dorpout 层，防止模型过拟合。在第二层卷积层之后增加 dropout=0.5 层，在两个全连接层之间增加 dropout=0.7 层，其他参数保持不变，重新训练网络。如图 5-15 所示，测试集识别精度在 0.059382424 左右，训练集的 Acc 曲线震荡得很厉害，而验证集后面的 Acc 保持不变，原因是在选用 ReLU 作为激活函数后的分类层，也就是 dense 全连接层，激活函数使用的是 softmax；还有一种可能是 ReLU 激活函数没有起作用，网络并没有进行学习，因此将 ReLU 激活函数改为 elu 激活函数。

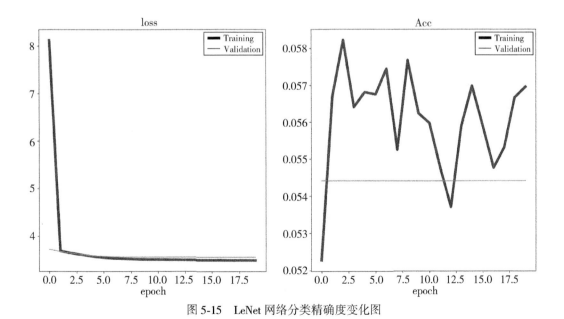

图 5-15 LeNet 网络分类精确度变化图

接下来，将激活函数改为 elu 和 softmax，即 activation='elu'&'softmax'。epoch 增加至 60，即 epoch=60，batch_size 增加至 400，即 batch_size=400，学习率降低至 0.00025，即

learningrate = 0.00025，其他参数保持不变，重新训练网络。测试集识别精度为 0.826992，Acc 和 loss 曲线相对稳定，如图 5-16 所示。

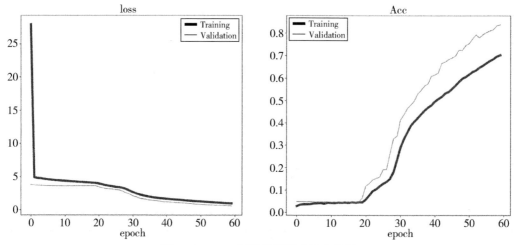

图 5-16　LeNet 网络分类精确度变化图

数据集中总共有 43 类数据，但是各类别之间的数量差距有些大，因此对图像进行增强，保证样本的多样性，再次进行网络训练，如图 5-17 所示。对图像进行五种图像变换：水平方向移动 10%；垂直方向移动 10%；放大与缩小 20%；平行四边形变换，可沿水平或者垂直方向变换，幅度为与坐标轴夹角 0.1°；顺时针或逆时针旋转，幅度为 10°。随即再添加三个卷积层和一个池化层，网络结构要复杂，训练参数也增多。epoch 增加至 200，即 epoch = 200，batch_size 增加至 695，即 batch_size = 695，learningrate = 0.0005，dropout = 0.5&0.5，其他参数保持不变，重新训练网络。测试集识别精度在 98% 左右，loss 曲线和 Acc 曲线变化趋势稳定，训练效果较好，如表 5-3 所示。

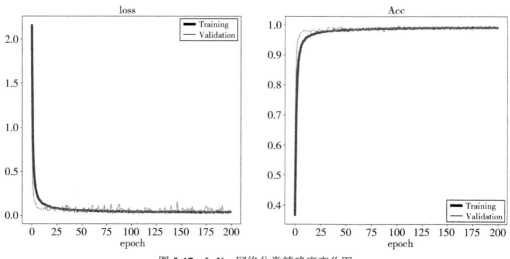

图 5-17　LeNet 网络分类精确度变化图

表 5-3 **LeNet 网络模型中各层次的参数设置**

名称	输入数据尺寸（像素）	过滤器大小（像素）	过滤器个数	输出数据大小（像素）	步长	激活函数
卷积层 1	32×32×60	5×5	60	28×28×60	1	elu
卷积层 2	28×28×60	5×5	60	24×24×60	1	elu
池化层 1	24×24×60	3×3	60	12×12×60	2	
卷积层 3	12×12×60	3×3	30	10×10×30	1	elu
卷积层 4	10×10×30	3×3	30	8×8×30	1	elu
池化层 2	8×8×30	3×3	30	4×4×30	2	
dropout 层	4×4×30			4×4×30		
卷积层 5	4×4×30	3×3	30	2×2×30	1	elu
池化层 3	2×2×30	3×3	30	1×1×30	2	
全连接层 1	1×30×1	1×1	500	1×150×1		elu
dropout 层	1×150×1			1×150×1		
全连接层 2	1×150×1	1×1	43	1×43×1		elu

5.3.7 结论

不断改进后的 LeNet 网络具有很好的稳定性，其识别及分类精度较高，收敛速度快，训练效率高。以上实验并没有完全结束，只是一个例子，还可以使用其他数据验证网络的稳定性和泛化性。在不同的设备和数据集中，训练模型的结果可能会出现细微的差别，但总体来说，该网络在对交通标识识别方面具有良好的稳定性和可靠性，也证明书中基于深度学习的交通标识识别方法的可行性。

第 6 章　实景影像车道线检测

道路检测是基于视觉的车辆导航中的关键技术之一，从我国道路检测行业发展现状来看，道路检测问题可以简化为车道线的检测问题。车道线的检测与识别还在车道偏离预警系统、防碰撞系统等方面发挥着很重要的作用，目前已有不少相关技术在实际中运用。

在道路检测过程中，车道线识别的工作主要包括两个方面：首先是对原始图像进行预处理，目的是为了减少图像受光照、气候等不可避免因素的影响，以提高视觉系统的顺应性；另一方面是车道线特征点的提取。

6.1　基于实景影像车道线特征分析

车道线是划分道路的分界线，主要用于分离不同的道路使用对象，例如机动车、自行车以及行人等，以及分隔同向或对向行驶的交通流，是最基本的道路标记与重要的交通信息之一。

6.1.1　道路类型

道路按照是否有规则的道路边界可以分为结构化道路与非结构化道路，如图 6-1 所示。

（a）结构化道路　　　　　　　　　　　　　（b）非结构化道路

图 6-1　结构化道路和非结构化道路

结构化道路是按照国家施工标准进行建设，具有标准化的结构以及车道线标识的道路。目前，结构化道路多存在于城市当中，例如国道、高速公路、城市干道等。由于结构化道路具有清晰的道路边缘以及人工标记车道线，道路区域存在着显著的几何特征，道路路面与车道线的颜色对比度高，且路面近似平坦，简化了世界坐标与摄像机坐标系的对应关系。因此针对结构化道路的车道线识别技术较为成熟。

非结构化道路是经过人工铺设的普通道路，其施工标准相对较低，存在道路标线缺失或残缺的情况。目前非结构化道路多存在于城市非主干道、乡村街道等。由于非结构化道路无明显的道路边界，或无车道线，所处环境背景复杂，目前针对非结构化道路的边界或车道线识别检测较为困难，是未来研究的主要方向。

结构化与非结构化道路具有不同的特征，所以针对不同类型道路，车道线的检测方法不同。若在结构化或非结构化道路识别上，运用另一种道路类型的识别方法，可能会导致决策错误，进而引发交通事故。

6.1.2　车道线类型

作为人类驾驶的主要感知对象，车道线的颜色特征是最显著的。车道线即划分道路汽车行驶分界线，规定同一方向有两条及以上车行道必须划分车道线，车道线类型较多，一般为 10cm、15cm、20cm，分为双白实线、双黄实线、双白实虚线、双黄实虚线、白色实线、黄色实线、白色虚线、黄色虚线等类型，如图 6-2 所示，根据不同的情况对车辆行驶有不同的规定。

例如，黄线表示线左右两侧为反向车道，若黄线为实线，则规定司机不能变换车道，若黄线为虚线，则司机可以变换车道；而白线的作用是区分同向的多车道，同样地，若白线为实线，则规定司机不能变换车道，若白线为虚线，则司机可以变换车道。

6.1.3　车道线检测过程中目前存在的主要问题

无人驾驶汽车最早于美国提出，即在无人类参与驾驶控制的情况下，结合了人工智能、自动化、电子计算机等技术，通过对道路交通标志以及路况等信息的识别进行自动驾驶。无人驾驶主要通过传感器和摄像机对汽车周围的情况进行感知和识别，通过车载计算机系统对识别信息进行处理，通过机械控制模块来控制车辆实现自动驾驶。其中高清摄像头以及双目摄像头通过对道路街景图像照片进行识别从而对车辆进行视觉感知，交通标志就是通过此方式识别感知的。

车道线规范了车辆的行驶路线范围以及行驶规范，对交通行驶具有规范作用。据统计，在人为因素造成的交通事故中，偏离车道线造成的交通事故占事故率的50%，如果能提前发现车辆偏离车道线，就能及时做出应对措施，从而避免事故。根据国外统计数据，如果能提前 0.5s 发现车辆偏离车道线，就可避免 50% 的人为行为造成的交通事故；如果能提前 1s 发现车辆偏离车道线，就可避免 90% 的人为行为造成的交通事故。

随着技术的发展以及研究的不断深入，车道线提取与检测工作都已取得了巨大的进展，在比较清晰且道路环境简单的情况下，车道线提取精度很高，但是与人眼的识别能力相比，还有很大的进步空间。当道路环境较为复杂，汽车、行人遮挡，或者阴雨天，光照过强过暗，检测质量就会大幅度下降，在工作和研究中还存在很多有待解决的难题。主要的因素是行车环境较为复杂以及不同的环境车道线也有很大不同。

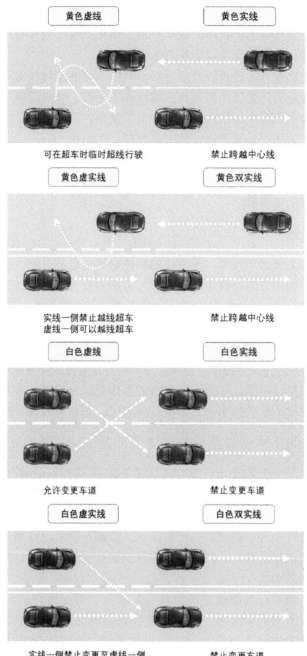

图 6-2　不同颜色车道线

1. 真实环境问题

真实环境复杂多样，存在着多种多样的影响图像质量的因素。首先是外界环境的影响，城市交通环境中存在着大量的树木、隔离带、车辆等影响因素。在强光的照射下，树木、隔离带产生的阴影映射到路面上，致使道路受光不均匀，增大对图像处理的难度。在交通拥堵的城市中，车辆遮挡或产生的阴影同样使得图像更加复杂，使误检率和漏检率大幅度提高。其次采集车在采集数据过程中，镜头曝光造成影像曝光度过高或过暗也会使影像的质量变差。

在有树木遮挡、天气恶劣(如雨、雪、雾天气)、车道线严重破损、高架桥等情况下，如何快速、准确地提取特征点是一大难题。

2. 道路类型

尽管结构化道路具有道路线标识，但车道线主要画设于道路表面，受环境因素侵蚀以及车辆冲击磨损的影响，部分结构化道路存在车道线磨损、车道线色彩暗淡、表面被污迹附着造成遮挡等情况，从而使车道线残缺或与路面区分不显著，使得问题更加复杂。非结构化道路是指形状不规则，没有明确边缘的道路，例如乡村道路。而形状的不规则，边缘的模糊，导致了非结构化环境只能采用基于特征的区域检测方法。

3. 车道线采集图像质量问题

城市交通环境下车道线采集识别中存在几类典型问题：理想光照、强光照、弱光照、停车场景、道路护栏、路沿石、多车道、车道消失、复杂路口、变道场景等，如图6-3所示，针对这些典型问题，对车道线进行检测是一个难题(孙家阔，2018)。

(a)理想光照

(b)强光照

(c)弱光照

(d)停车场景

图6-3 多种场景车道(1)

(e)道路护栏　　　　　　　　　　　　　　(f)路沿石

(g)多车道　　　　　　　　　　　　　　(h)车道消失

(i)复杂路口　　　　　　　　　　　　　(j)变道场景

图 6-3　多种场景车道(2)

6.2　基于实景影像的车道线检测

　　传统的车道线检测算法一般是利用计算机视觉相关原理根据车道线的特征进行车道线

的检测和提取的，其中关键的一步就是要提取具有代表性的特征，特征提取的质量直接影响下一步检测分类的精度。通常情况下首先提取车道线的形状、颜色等特征，再进行之后的精确检测和分类。

6.2.1　车道线图像预处理

为了在不同场景下都可以精准识别车道线，需对采集的实景影像进行预处理，这是车道线检测的重要前提。

使用移动道路测量车在道路车道线采集信息过程中，由于天气或者存在行道树和汽车等情况会对车道线的提取与检测造成干扰。同时由于移动道路测量的数据分辨率较高，图像较大，在训练过程中会使实验过程中设备的内存迅速增加。因此必须对实验数据进行预处理，这样能减少一些噪声等的干扰，使数据更加符合实验要求。数据预处理主要包括：图像灰度化、感兴趣区域提取和图像增强等操作。

1. 图像灰度化

移动道路测量采集的街景图像是彩色的，通常由几个色彩通道叠加而成，一般常用的分类为 R、G、B 三通道，每个通道的色彩数值范围为 0～255，一共有 256 个，因此每个像素值有 256×256×256 个颜色值，数据量较为庞大，因此需要对图像进行处理，使其颜色值的数据量降低。

相对于采集到的原始彩色图像，灰度图像占用的内存空间更小。考虑到车道线识别的实时性要求，以及车道线边界和正常路面的颜色对比显著，一般根据不同的权值对三通道 R、G、B 车道线实景图像进行降维，转换为单通道灰度图像，降低数据量，节省空间，有利于后续的处理算法。

采用加权平均法对原始车道线图像进行灰度化，如图 6-4 所示，因为这样更加符合在无人驾驶方面的实际情况，一般行车过程中车辆的情况也是根据人眼情况而定。经过灰度化以后，数据量迅速下降，同时车道线较为明显清晰，比较适合后续的车道线检测与提取。

图 6-4　加权灰度化前后对比图

2. 感兴趣区域(ROI)提取

在获取的实景影像中，天空区域往往占据了采集到的实景影像中的上半部分，而车道信息多位于影像的底部，因此需要排除天空、道路两侧房屋、车道树区域等无关因素的干扰。在图像处理领域，感兴趣区域提取是比较常用的方法之一，通过对图像的区域进行划分，突出重要的区域，可以减小冗余的图像信息干扰，便于后续的图像处理，提高数据处理效率。

移动道路测量车上的 CCD 相机也是如此，采集的图像中树木、天空占据图像近 1/2 的部分，如果不对其进行感兴趣区域提取，车道线在图像中所占比例过小，目标不够明确清晰，这些信息也会对车道线提取造成干扰。将图像上天空等区域作为非重要区域，只突出车道线区域。

由于原始图像中天空的灰度值较为单一，基本不会有较大变化，而且天空与地面上物体的灰度值差异较大，根据灰度值的变化来设定阈值，从而得到感兴趣区域提取的范围，具体步骤如下：

(1)以图像左上角为原点建立坐标系，对应像素点坐标为 (i, j)，每个点对应的灰度值为 $f(i, j)$，设原始图像的长、宽分别为 X、Y，对应第 i 行的灰度平均值为 M_i，计算公式如下：

$$M_i = \frac{1}{Y} \sum_{j=1}^{Y} f(x) = a_0 + \sum_{n=1}^{\infty} f(i, j), \ i = 1, \ 2, \ \cdots, \ n \qquad (6\text{-}1)$$

(2)依次计算出每一行对应的平均灰度值，再根据平均灰度值的水平投影确定阈值 N；

(3)遍历整幅图像，将对应得到的平均灰度值 M_i 根据阈值 N 分为两部分，图像上半部分认定为天空，图像下半部分即为车道线提取区域。横向区域有时也会存在栏杆等的遮挡，或者存在一些其他地物对实验结果造成干扰，因此有时也需要对图像两侧部分进行剔除，做感兴趣区域处理，以提高实验的精度和效率。

这种方法可以根据图像情况自动提取感兴趣区域，避免直接设定范围提取造成的误差，可操作性较高，如图 6-5 所示。因为采集数据过程中的曝光问题，天空的亮度值与车道线较为类似，会对实验结果造成干扰，感兴趣区域提取后的图像中天空和部分树木、高楼等都被剔除，数据量减少了很多，节省了空间，并降低了无关物体对车道线提取的干扰，有助于后续实验的进行。

3. 图像增强

图像增强也是图像处理领域较为常用的一种预处理算法，通过图像增强可以突出图像中的目标区域，有时候也会使图像失真，主要是针对车道线提取而对图像进行操作，强调车道线的效果，使图像中车道线更加明显突出，同时抑制车道线以外的其他地物，使其弱化，便于提取车道线。频域法与空域法是图像增强的两个主要分类。频域法是将图像看成二维信号，通过傅里叶变换进行图像增强，一般是通过低通滤波进行图像平滑操作，这样可以使图像噪点减少，但是同时目标信息也会减少，车道线边缘较为模糊，不适合用于车道线检测；通过高通滤波进行图像锐化，车道线的边缘会更加突出，但是噪点会更加明显，也不利于车道线的提取。因此频域法不适用于车道线检测。

图6-5 感兴趣区域提取前后对比图

1）灰度变换

图像增强的线性变换和非线性变换是通过图像的灰度进行操作的，通过对灰度的线性变换得到新的灰度范围，来突出目标区域，抑制非感兴趣区域。设原始图像为 I ，每个像素点的灰度值为 $I(i, j)$ ，变换后的图像灰度值为 $A(i, j)$ ， k 为线性变换斜率， b 为截距，灰度线性变换的公式可表示为：

$$A(i, j) = K \cdot I(i, j) + b \tag{6-2}$$

灰度的非线性变换是通过指数函数、对数函数等非线性函数对原始图像中像素的灰度值进行操作来实现图像增强的。对数函数及指数函数的对应公式如下，其中， a ， b ， c 为调整函数图像的位置参数。

$$A(i, j) = a + \frac{\ln[(I(i, j) + 1)]}{b \cdot \ln c} \tag{6-3}$$

$$A(i, j) = b^{c[I(i, j) - a]} - 1 \tag{6-4}$$

2）直方图均衡化

直方图均衡化是图像处理中利用图像直方图对对比度进行调整的方法。当目标像素对比度较为接近的时候，通过该方法增加整个图像的全局对比度，使亮度信息更好地分布在直方图上。直方图是通过对一幅图像中的所有灰度值的频率进行统计的统计图，从图6-6中可以看出整个图像灰度的分布以及每个灰度的频率、灰度的分布范围和图像平均明暗程度。灰度直方图的横坐标是灰度级 r ，纵坐标是每个灰度对应的频率 $pr(r)$ ，从图中可以看出整个图像中的灰度分布情况，若高频度部分灰度较为集中，则图像较亮，若低频度部分图像较为集中，则图像较暗。据此可以根据需要对图像亮度进行调整，且整个过程是可逆的，只要均衡化函数已知，就可以还原回原来的图像。直方图均衡化对于亮度差别较大的图像的处理效果较好，在车道线原始图像采集过程中，由于城市道路的树木等物体遮挡以及人员操作问题，导致原始图像的曝光存在过强或过暗问题，使用直方图均衡化强化对原始图像进行处理可以很好地解决这个问题。

（a）原始图像

（b）直方图均衡化后图像

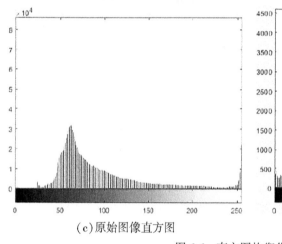

（c）原始图像直方图

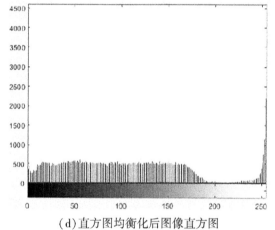

（d）直方图均衡化后图像直方图

图6-6 直方图均衡化前后对比图

原始图像中天空部分曝光较多，而地面道路在阴影中曝光较少，包括旁边的树木、楼房都比较暗。经过直方图均衡化后，图像整体亮度均匀了很多，楼房树木的亮度也增强了一些，从直方图（图6-6）中也可以看出，经过直方图均衡化以后，原来的直方图的亮度有几种在中间部分区域的情况得到了改善，整体的亮度都变得比较均匀，路面的亮度也增加了，车道线更加清晰明显，便于后续提取与检测。

通过观察对比以上几种边缘增强方法，发现直方图均衡化的处理方法更好，得到的图像细节更多，图像信息更丰富，这对于后续的边缘检测和车道线检测是非常有利的。

4. 图像滤波

1）均值滤波

均值滤波首先选择一个模板，该模板由最邻近的几个像素组成，找到模板中所有像素的平均值，然后用平均值替换当前像素点的像素值作为当前最新的灰度像素点。选定的模板大小不同会导致效果不同，但需注意模板的尺寸需小于图像窗口的大小，且尺寸过大会增加计算量。模板设置得越大，去噪效果越好。实验中选取窗口大小为3×3、5×5、7×7，用 Matlab 处理图像，处理效果图如图 6-7 所示。

(a)灰度图像 (b)均值滤波图像(3×3 模板)

(c)均值滤波图像(5×5 模板) (d)均值滤波图像(7×7 模板)

图 6-7 不同模板下均值滤波处理结果

由处理的效果可知，图像噪声都得到了有效的抑制。但是均值滤波有将图像模糊化的趋势，随着滤波模板的增大，图像处理的结果越趋近于模糊，造成很多细节信息被过滤掉。如图 6-7 中，图(d)均值滤波图像(7×7 模板)明显比图(b)均值滤波图像(3×3 模板)要模糊很多。所以在选用均值滤波处理图像时需选定好滤波的模板大小。

2)中值滤波

在实际应用中，通常选取窗口大小为 3×3，5×5。图 6-8 为选取的不同模板处理后的结果。

由 3×3 模板处理后的图像仍保留一些噪声；由 5×5 模板处理后的图像去噪效果均衡，细节信息保护较好；但由 7×7 模板处理后的图像可观察出车道线的边缘信息被模糊。由此可知，虽然模板越大，去除噪声效果越好，但是图像也越模糊，导致边缘信息的缺失，影响了后续工作。

中值滤波在一定程度上优于均值滤波：①中值滤波通常用于消除椒盐和胡椒噪声，并且保边去噪效果较好；均值滤波可以更好地抑制高斯噪声，但会使图像模糊。②中值滤波的算法简单，易于用硬件实现。

3）双边滤波

现对车道线图像进行双边滤波处理，同时与高斯滤波处理后的图像进行对比。

(a)灰度图像　　　　　　　　　　　　(b)中值滤波图像(3×3 模板)

(c)中值滤波图像(5×5 模板)　　　　　　　(d)中值滤波图像(7×7 模板)

图 6-8　不同模板下中值滤波处理结果

由图 6-9(c)可知，高斯滤波在一定程度上抑制了噪声，但由于没有考虑目标的边缘，边缘有模糊的现象；从图 6-9(d)可以看出，当双边滤波有效地抑制噪声时，车道线边缘信息仍保持清晰，并且更加平滑。双边滤波适用于彩色图像和灰度图像，有很强的实用性。虽然双边滤波器处理效果很好，但缺点是计算量大，耗时较长，不利于车道线提取的实时性实现。

6.2.2　车道线图像分割方法

1. Otsu 阈值分割

Otsu 算法是由日本学者 Nobuyuki Otsu 于 1979 年提出的，并以其名字命名用于图像二值化的自动无参数监督的阈值分割算法。在计算机视觉、图像处理方面有很大应用，常用于自动执行基于聚类的图像分割，或者将灰度图像转换成二值图像。

Otsu 阈值算法以获取的影像灰度直方图作为基础数据，运用最小二乘法进行推理，综合考虑像素邻域和图像整体灰度分布等特征关系，以经过灰度分类的像素类群之间产生最大方差时候的灰度值作为图像的最佳分割阈值。Otsu 算法阈值分割应用于车道线如图 6-10 所示。

(a)原始图像　　　　　　　　　(b)灰度图像

(c)高斯滤波图像　　　　　　　(d)双边滤波图像

图 6-9　高斯滤波和双边滤波处理后图像对比

(a)原始图像　　　　　　　　　(b)Otsu 算法阈值分割

图 6-10　Otsu 算法阈值分割前后对比图

2. 数学形态学图像分割

利用数学形态学的运算特点，对断裂处采用膨胀操作，对突变处噪点进行腐蚀操作，分别从水平、竖直、顺时针 12 点钟 45°和逆时针 12 点钟 45°方向进行形态学梯度处理，将这四个方向做一个集合，可以得到最终的图像分割结果。

从图 6-11 中可以看出，结合数学形态学方法的阈值分割图像比单纯的阈值分割图像少了很多噪点，一些细小的噪点和破损的细小线段都被去掉了，可以提高后续实验的精度，同时对图像中的物体进行平滑操作，车道线的边缘也平滑了很多，利于后续对车道线的提取与检测。

图 6-11　结合阈值分割和数学形态学算法的图像分割

3. 边缘检测算子分割

边缘指的是从图像中提取的目标和背景之间的分界线，并且通过边缘提取可以区分目标和背景，而边缘检测的本质就是在图像中找到亮度剧烈变化的像素集。如果能够精确地测量和定位图像的边缘，那么就意味着可以对实际物体进行定位和测量。本节主要讨论四种常见的一阶微分边缘算子，包括 Roberts 边缘检测算子、Prewitt 边缘检测算子、Sobel 边缘检测算子和 Canny 边缘检测算子(赵德明，2016)。图 6-12 为利用 Matlab 对车道线图像进行不同算子的边缘检测效果图。

结合实验检测结果图对这四种边缘检测算子的优缺点进行比较，如表 6-1 所示。

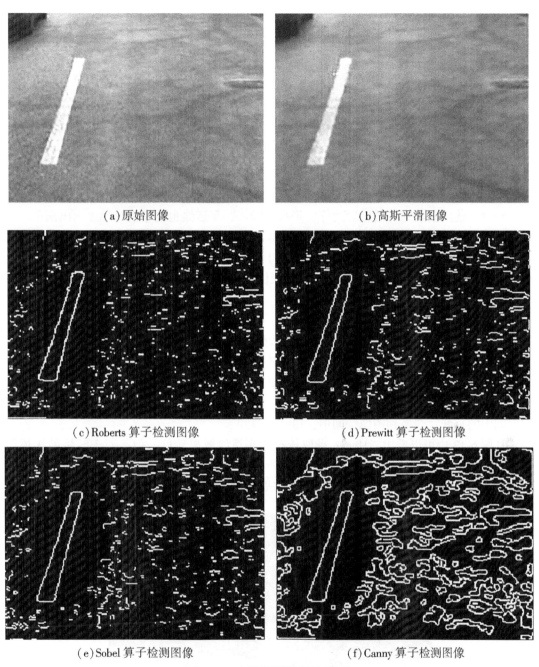

(a) 原始图像   (b) 高斯平滑图像

(c) Roberts 算子检测图像   (d) Prewitt 算子检测图像

(e) Sobel 算子检测图像   (f) Canny 算子检测图像

图 6-12   边缘检测算子检测结果

表 6-1   四种边缘检测算子优缺点对比

算子	优 点	缺 点
Roberts	适用于陡峭的低噪声图像，边缘定位比较准确	不能平滑图像，对噪声高度敏感
Prewitt	可以平滑图像，适用于灰度渐变低噪声的图像	检测到的边缘较粗，定位不准确

续表

算子	优　　点	缺　　点
Sobel	在一定程度上抑制噪声，对图像有平滑作用，检测效果较好	易检测到伪边缘
Canny	检测结果比较准确，包含较少的伪边缘，检测到的边缘在真正的边界上	需多阈值进行计算

6.2.3　Hough 变换检测车道线

经过上述实验后物体的轮廓边缘已经很清晰了，车道线也能够清晰地显示出来了，只需要结合车道线的特征就可以进行车道线的检测。根据现有研究，车道线检测方法分为基于特征的和基于模型的车道线检测算法。基于模型的检测算法使用范围较广，曲线模型是针对远景图像，而本节车道线是近景图像，且车道线形态为直线，故采用直线模型来检测车道线。

具体过程如下：

(1)读取处理好的二值图，获得原像素数据；

(2)根据原图像大小量化参数空间得到累加器大小；

(3)进行 Hough 变换，将取得的值放入累加器中；

(4)遍历所有点，求得 Hough 变换的值，设置一个阈值，大于阈值即认为该点对应图像空间中的直线，转换到图像空间中，得到车道线。

从图 6-13 中可以看出，Hough 提取较长的车道线效果较好，但是对于较短的车道线效果并不理想，存在漏检的情况，同时还会存在误检，边上楼房的边缘也是直线型，也作为车道线给标记出来了。传统的人工设计算法只针对某种情况提取效果较好，并不能针对

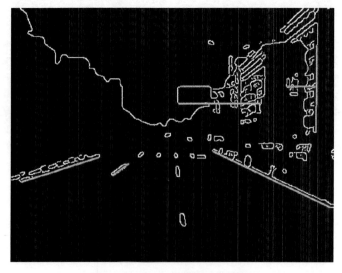

图 6-13　Hough 变换提取车道线

所有的情况，局限性较大，适用范围较窄。

6.2.4 改进的 Hough 变换

综合表 6-1 介绍的边缘检测算子的优缺点，在基于阈值法与形态学方法将目标与图像进行分割后，采用 Canny 算子检测图像的边缘点进行检测的特征点进行后续处理。边缘点分布示意图如图 6-14 所示。

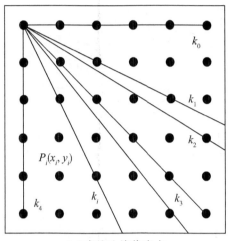 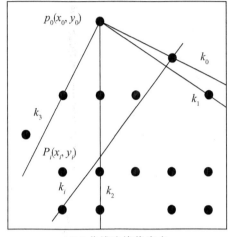

（a）直线边缘像素点　　　　　　　　（b）曲线边缘像素点

图 6-14　目标像素点与检测直线斜率关系

假设图像空间由 n 个特征点组成，则：

$$P = \{P_i = (x_i y_i)\}, \quad i = 1, 2, \cdots, m \tag{6-5}$$

用 $p_0(x_0, y_0)$ 表示图像空间中的一个特征点，则 $p_0(x_0, y_0)$ 点与其他任意点 $p_i(x_i, y_i)$ 之间的斜率关系表示为：

$$k_i = \frac{y_i - y_0}{x_i - x_0} \tag{6-6}$$

设通过点 $p_0(x_0, y_0)$ 的直线斜率 k_i 的重叠度为 c_i，初始值设为 0。由图 6-14（a）可知，第一列的 6 个像素点在同一条直线上，每两个像素点组成的直线都是重合的，即斜率 k_i 为相同的斜率，同时表示直线相互重叠。我们可求出这 6 个像素点的重叠度：$c_4 = c_6^2 = \frac{6 \times 5}{2} = 15$。同理我们可求出斜率 k_1 的重叠度：$c_1 = c_3^2 = \frac{3 \times 2}{2} = 3$。依次类推，算出所有通过点 $p_0(x_0, y_0)$ 的直线斜率重叠度 c_i 并与阈值 t_i 作比较，如式（6-7）所示：

$$Q_i = \begin{cases} 1, & c_i \geqslant t_i \\ 0, & c_i \leqslant t_i \end{cases} \tag{6-7}$$

若斜率重叠度 c_i 大于阈值 t_i，将其对应的存储空间标志设置为 1；若斜率重叠度 c_i 小于阈值 t_i，则将对应的存储空间标志设置为 0。

通过 Matlab 仿真实验，用传统的 Hough 变换和本书改进的 Hough 变换分别对图像进行车道线提取，并进行比较分析。

　　将图 6-15、图 6-16 和图 6-17 的提取结果进行比较，明显改进后的 Hough 变换提取的结果较好。传统的 Hough 变换提取的车道线碎线段较多，且有明显不属于车道线方向的线段信息；改进后的 Hough 提取的车道线滤除了异常明显的非车道线信息，例如横向线段。且检测的直线信息更加连贯，在一定程度上达到了优化的效果。

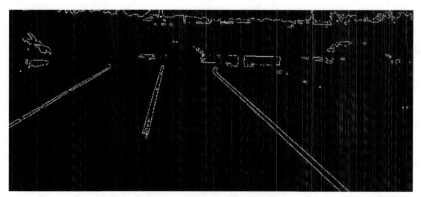

图 6-15　Canny 算子边缘检测

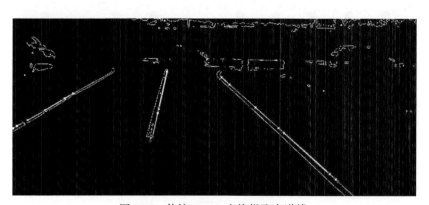

图 6-16　传统 Hough 变换提取车道线

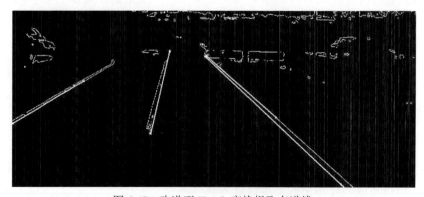

图 6-17　改进型 Hough 变换提取车道线

6.3 基于实景影像的车道线检测实例

由自动驾驶辅助系统中车道线自动检测识别用到的关键技术，对比分析算法的适用性，提出一套完整的车道线自动提取方法，并在 Matlab 平台上进行算法的实现。

算法的基本流程如图 6-18 所示。首先读取图像并进行感兴趣区域窗口的设置，分为

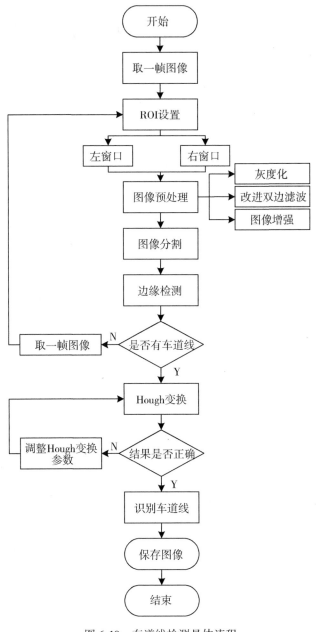

图 6-18　车道线检测具体流程

左窗口和右窗口；再分别对其进行图像预处理，预处理包括图像灰度化、滤波平滑去噪以及图像增强处理，这些做法为后续处理提供了很好的基础支撑；然后进行图像分割，分割的方法多种多样，通过阈值分割和形态学分割的结合使用，使分割效果得到优化；对分割好的图像提取边缘特征信息，为车道线的提取做好准备；若检测窗口中无车道线存在，则跳过该帧，继续对下一帧进行一系列操作；若检测到窗口中的车道线，则对其进行标识；最后对识别过的图像进行自动保存。反复进行此流程操作至最后一帧图像。

本研究主要利用北京建筑大学测绘与城市空间信息学院智慧城市研究所及现代城市测绘国家测绘局重点实验室的现有资源与设备条件。

核心硬件：本实验所使用的计算机硬件处理器为 Intel(R) Core(TM) i7-4790 CPU，3.60GHz，内存 3.92GB。

核心软件平台：Windows 7 64 位旗舰版，Matlab R2013b(该平台包含了大量计算算法，具有完备的图形处理功能，可实现对图像或矩阵的计算结果和编程的可视化，还具有其他软件没有的对图像的光照处理、色度处理等功能，是很好的图像处理软件)。

数据采集场地：北京市区道路(其条件良好，各种城市交通环境齐全且重复率高，为开展城市交通环境下车道线识别的源数据采集及后期测试检验创造了得天独厚的条件)。

数据采集设备：立得空间移动道路测量采集车。

测试数据：MMS 影像(1624×1234 像素)。

测试数据集包含 16 个工程，共 8711 帧图像。

数据采集系统组成如图 6-19 所示。

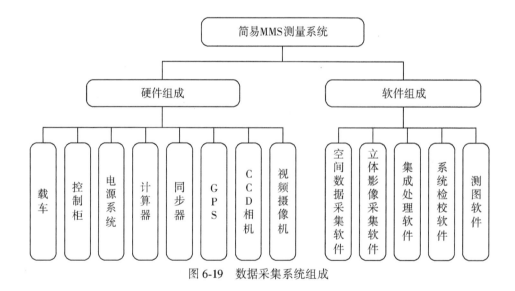

图 6-19 数据采集系统组成

通过定义指标来作为评判系统算法准确性以及鲁棒性的标准，结合使用文字和表格的方式来对算法进行量化分析。

其中对参量的定义如表 6-2 所示。

表6-2　　　　　　　　　　　　　参 量 定 义

参 量 定 义		真实场景	
		车道线区域	非车道线区域
算法输出结果	车道线区域	TL	FL
	非车道线区域	FB	TB

对于算法性能的检验，通常包括以下四个指标：

（1）检测质量：

$$DQ = \frac{TL}{TL+FL+FB} \qquad (6\text{-}8)$$

（2）误识率：

$$DR = \frac{FL}{TL+FL} \qquad (6\text{-}9)$$

（3）漏识率：

$$DA = \frac{FB}{TL+FB} \qquad (6\text{-}10)$$

（4）处理速度：秒/帧。

参量中，TL（True Lane）为真实车道；FL（False Lane）为误识别的车道；TB（True Background Lane）为真实背景对象；FB（False Background Lane）为误识别的背景对象。

采用车道线图像预处理、车道线检测与提取叙述方法对车道线的检测和识别进行了大量的测试：

第一，选择测试不同光照下的影像，其中包括理想光照、强光照、弱光照，如图6-20—图6-22所示；第二，选择测试不同场景下的影像，例如停车场景、道路护栏场景、多车道场景、路沿石场景、车道消失、道路阴影场景、复杂路口场景、变道场景等几种典型场景；第三，按照道路交通标线分类进行车道线提取研究。以下对这三种分类进行仿真实验，并对其结果进行分析。

1）不同光照

由图6-20、图6-21和图6-22可以看出，在理想光照、强光照和弱光照这三种情况下，不管是单车道、多车道还是短画线车道，窗口内的车道线能够很好地被识别。

2）多种场景

障碍物较少时，在理想光照、强光照和弱光照这三种情况下，不管单车道、多车道还是短画线车道，窗口内的车道线都能够很好地被识别；障碍物较多时，例如有车辆、护栏、路沿石、地面标识等，该算法会受障碍物的影响，可能会将障碍物的轮廓误判为车道线，导致误识别率较高，还有待进一步提高，如图6-23所示。

833 帧　　　　　　　　　　　　　　834 帧

835 帧　　　　　　　　　　　　　　836 帧

图 6-20　理想光照

692 帧　　　　　　　　　　　　　　694 帧

696 帧 698 帧

图 6-21 强光照

948 帧 949 帧

347 帧 348 帧

图 6-22 弱光照

(a)停车场景

(b)道路护栏场景

(c)路沿石场景

(d)多车道场景

(e)车道消失场景

(f)复杂路口场景

图 6-23　多种场景

3）变道场景

车辆在正常行驶过程中，检测到的是车辆两侧的车道线。由于在变道过程中摄像机与车道线的相对位置发生变化，窗口与车道线的相对位置也随之发生变化，因此检测到的车

道线也相应发生变化,最终检测到的车道线为当前正确行驶车道中的车道线,如图 6-24
所示。

(a)2 帧   (b)4 帧

(c)6 帧   (d)8 帧

图 6-24 变道识别

4)按照道路交通标线分类

由图 6-25 可知,本节算法可以识别检测出不同类型的道路交通标线,道路交通标线
的不同并不会对车道线的检测产生影响。

下面对车道线提取的准确性进行分析。

1)ROI 对检测准确性的影响

直接对图像进行检测的效果非常不理想。由于检测范围包含了整幅图像,而车道线在
图像中的占比非常小,又存在许多干扰因素,因此检测效果如图 6-26(a)所示,不能满足
需求。设置 ROI 后,检测效果得到了很大的改善。ROI 的设置缩小了检测范围,增大了车
道线在检测范围中的比例,并在很大程度上减少了干扰因素。图 6-26(b)为设置 ROI 后的
检测效果图。

(a)黄色实线　　　　　　　　　　　　　　　(b)黄色虚线

(c)白色实线　　　　　　　　　　　　　　　(d)白色虚线

图 6-25　不同道路交通标线

(a)直接检测　　　　　　　　　　　　　　　(b)设置 ROI

图 6-26　检测对比

表 6-3 是对无窗口与设置窗口后的检测对比，由表可以看出，直接对整幅图像进行车

道线检测的质量很差，主要原因是本节采用的基于特征的车道线检测方式误将所有线状几何信息判断为车道线。设置 ROI 后的检测质量有所提升，但仍不高。主要原因是虽然检测范围变小，干扰因素也相对减少，但算法仍将所有检测的线状信息判断为车道线信息。

表 6-3 　　　　　　　　　　　直接检测和设置感兴趣区域后检测对比

评价指标	直接检测	设置 ROI
检测质量	25%	52%
误识率	49%	28%
漏识率	26%	25%

2）Hough 改进前后准确性对比

由图 6-27 我们可知，设置 ROI 后检测的结果仍存在很多问题。Hough 可以检测到任意方向的线状几何，所以难免检测到非车道线方向的线状信息。为了排除干扰，使用本书改进后的 Hough 算法对 ROI 内的区域进行车道线检测，表 6-4 为检测结果。通过图 6-27（a）和图 6-27（b）的对比可看出，图 6-27（b）中的碎线段更少，非车道线方向的线段被排除，检测质量更高。

（a）Hough 算法改进前　　　　　　　　　　（b）Hough 算法改进后

图 6-27　算法改进前后对比

表 6-4 　　　　　　　　　　　Hough 算法改进前后检测对比

评级指标	算法改进前	算法改进后
检测质量	52%	77%
误识率	28%	15%
漏识率	25%	8%

算法改进后的检测质量得到了很大的提升，但由于本书算法具有场景局限性，在停车场景、复杂路口场景、道路护栏场景、路沿石场景下，这些影响因素导致误识率较大，检测质量较低。

本实验对多个工程影像进行试验，由于影响因子所占比例不同，每个工程的检测质量也存在很大差异。如表 6-5 所示，记录了 16 个工程的检测数据。从表 6-5 和图 6-28 中可看出，在影响因子较少的情况下，车道线的识别率可达到 83%，但是在影响因子较多的情况下，车道线的识别率只能达到 46%。

表 6-5　　　　　　　　　　　　　　　检测数据记录

工程名	识别数	漏检数	误检数	识别率	漏检率	误检率
20160912a01	437	150	212	55%	19%	27%
20160912a02	420	156	223	53%	20%	28%
20160921g01	371	180	250	46%	23%	31%
20160921g02	400	188	213	50%	23%	27%
20161011o01	47	13	12	65%	18%	17%
20161011o02	50	10	12	69%	14%	17%
20161010g01	202	25	35	77%	10%	13%
20170218b	213	29	52	73%	10%	17%
260101	455	102	140	65%	15%	20%
260102	480	57	40	83%	10%	7%
260104	392	112	242	53%	15%	32%
260105	180	20	66	68%	7%	25%
260201	440	100	157	63%	14%	23%
260202	497	48	62	82%	8%	10%
260204	416	98	232	56%	13%	31%
260205	179	18	69	67%	7%	26%

在一个工程中，影响车道线检测的因素多种多样。各影响因素对车道线检测的影响程度也不相同。经过多次试验统计了 6 种常见的影响因子，如图 6-28、图 6-29 和图 6-30 所示用百分制的方式来表示它们对车道线提取的影响程度。

观察图 6-31 可知，依照影响程度不同对各因子进行排序，车辆>护栏>路沿石>路口>车道线颜色>光照。

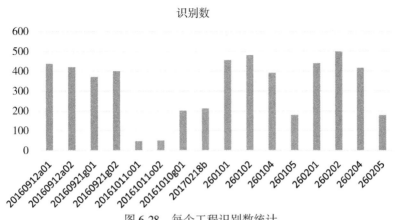

图 6-28 每个工程识别数统计

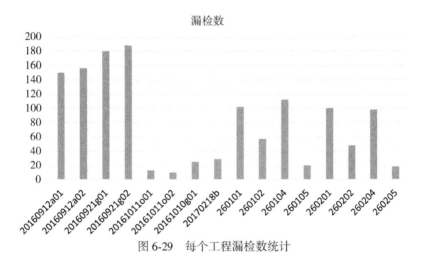

图 6-29 每个工程漏检数统计

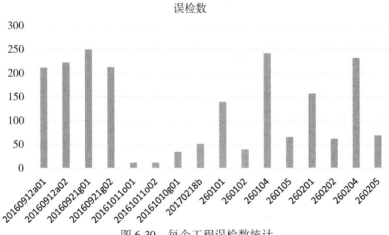

图 6-30 每个工程误检数统计

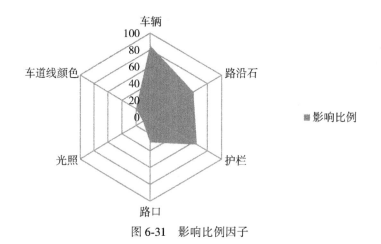

图 6-31　影响比例因子

实验采用 Matlab 2013a 平台进行仿真实验，对实验数据进行速度测试，测试结果如图 6-32 所示。其中，横坐标为时间（s），纵坐标为照片帧数。从图中可得知改进前单帧耗时 20s 以上，且随着帧数的增加呈上升趋势；改进后单帧耗时 14s 以上，且随着帧数的增加呈上升趋势。本书算法平均每帧的耗时比改进前的平均耗时减少了 5s，在一定程度上得到了改进，但是由于 Matlab 属于解释型语言，占据内存比较大，且运行速度较慢。所以虽然对算法进行了优化，但远远不能达到实时性的要求。

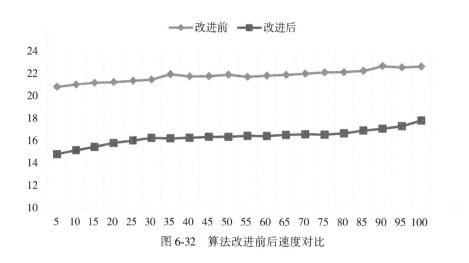

图 6-32　算法改进前后速度对比

第 7 章　实景影像道路裂缝信息提取

随着道路的不断发展与完善，我国早期建成的公路开始进入养护阶段。由于长期的行驶车辆压力等因素，路面产生了如裂缝、坑槽和沉陷等损坏，这对车辆行驶安全、乘客舒适度和车辆轮胎等方面造成了非常不利的影响。路面裂缝是道路病害的主要形式之一，是道路肉眼可见明显的病害，它不仅会缩短道路的使用期限，还会降低过车的舒适度与安全性，对裂缝及时发现和修补对于保持道路的畅通，防止其进一步产生损伤具有重要的意义。因此，公路的养护和管理特别是对道路裂缝的检测具有重要的意义。

7.1　实景影像道路裂缝的特征分析

裂缝是道面最常见的病害之一，也是大多病害的早期形态，及时准确地发现裂缝可以最大限度地减少因检测不及时而引发道面快速发展为严重损坏的可能性，从而提高养护效率，降低维护成本。然而，由于缺乏自动化的道面裂缝检测手段，实际工程中仍主要采用人工巡检方法，存在精度差、主观性强、效率低等缺点，无法满足我国交通运输基础设施快速发展的需求。由于缺乏自动化的道面缺陷检测手段，我国道面缺陷检测仍然存在巨大的安全隐患。

7.1.1　路面裂缝的产生

由于存在修建道路时施工不合格、道路长期使用导致道路材料老化、车辆行驶量过多、超载超速等多种因素，使得道路基面出现下降和位移，并且如果缺乏相应及时的养护措施，路面则会出现大范围的道路裂缝。裂缝严重影响道路路面的平整度，进一步导致车辆行驶过程中出现波动、产生行驶阻力不能正常加速等情况，严重时会影响交通安全，造成人员伤亡。

通常，路面裂缝的形成原因有如下几种：

1. 气温差异

夏季气温比较高，也会随之提高混凝土骨料的温度，导致混凝土拌和料温度比较高，混凝土不断提升自身温度，影响到混凝土内部应力的平衡性，很容易产生裂缝问题。如果外界温差变化较大，由于混凝土结构缺乏热传导性，外界温度发生变化，也会改变混凝土表面的温度，但是混凝土内部温度保持不变，不同部位温度具有较大的差异性，增加了温差应力，引发温度变形问题，产生水泥混凝土路面裂缝问题。

气温变化差异大，会造成道路建筑材料热胀冷缩，最终产生横向裂缝和纵向裂缝，如果没有及时发现并且处理，长此以往道路破损加剧，会形成块状和网状样式的裂缝，将严重影响行车安全。

2. 道路沉降

在水泥混凝土路面压实过程中，如果压实遍数不合理，或选择偏小的压路机吨位，碾压工作缺乏均匀性，都会引发路基沉降问题。此外一些施工单位没有加固处理软弱地基，导致地基含水率过大，也会引发地基沉降问题。施工单位选择的路基填料缺乏压实度，构造物附近施工难度比较大，无法满足压实度要求，也会引发公路路基沉降变形。此外施工单位过快地填实路基土质，会产生明显的路基沉降问题。综上原因引发路基沉降问题，进而导致水泥混凝土路面发生裂缝，影响到整体道路工程质量。

当道路路基为松软的土或填埋的材料不稳固时，在道路通车时车轮的碾压会造成道路受力不均，使得路面路基产生不一致的下沉，造成路面的承载力不均匀，最终会产生道路裂缝（张冲，2017）。

3. 行车压力

大型车辆长期通行会对道路造成长年累月的压力，当路面在车辆的运行下产生的强大压力大于路面的抗压能力时，就会导致道路基层开裂。一般产生的裂缝会表现为块状裂缝和网状裂缝，严重时会导致表面变形，产生路面辙槽和沉陷。

4. 设计因素

在水泥混凝土路面施工之前，施工单位需要结合工程实际情况完善施工设计工作，如果在设计工作中没有全面考虑各种因素，将会导致水泥混凝土路面中出现裂缝。在施工设计阶段，水泥混凝土塑性收缩变形和干性变形等问题会引发裂缝问题，此外如果设计人员没有综合考虑道路交通情况，若车辆荷载比较大，会导致水泥混凝土路面出现裂缝。例如在严寒地区，道路不具有较高的抗冻能力，如果路段车流量比较大，施工单位未控制道路厚度，也会造成路面发生裂缝。

5. 原材料因素

一些施工单位在公路施工过程中，为了节省施工成本，没有严格控制水泥质量，采购的水泥缺乏安定性，很容易引发水泥混凝土路面裂缝。因为没有保障水泥品质，没有充分地煅烧熟料，会产生较多的游离氧化钙，氧化钙水化速度非常慢，混凝土发生凝结硬化之后，还会继续水化，导致体积不断膨胀，因为体积发生不均匀变化，水泥混凝土路面也会产生裂缝。

7.1.2　路面裂缝的分类

通常采集到的道路裂缝图像往往包含两种对象：一个是路面背景，另一个是破损的路面裂缝。因此，路面裂缝图像由背景像素和裂缝像素两类对象的像素集组成。

关于路面裂缝类型的判定，根据国家颁布的《高速公路养护质量检评方法（试行）》，将公路路面的破损类型划分为结构性破损和功能性破损。其中结构性破损，指由道路内各个路基层的承载能力无法抵抗当时车辆重力所产生的作用力，从而破坏道路路基结构的完整性，这造成的后果反映到道路表面上就表现为各种形状的道路裂缝，比如横向裂缝、纵向裂缝、块状裂缝、网状裂缝。

（1）横向裂缝。由于路面施工时横向缝未处理好，连接处不紧固密实造成各个结构层间结合不良，根据热胀冷缩原理，当温度下降时路基内部收缩引起开裂，如图7-1所示。

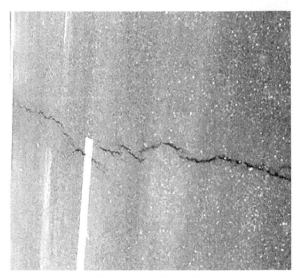

图7-1 路面横向裂缝

（2）纵向裂缝。纵向裂缝形成的原因分两种情况：一是沥青面层分幅摊铺时两幅接茬处未处理好，在车辆载荷与环境因素作用下逐渐开裂；二是由于路基压实度不均匀（含半填半挖路段）或由于路基边缘受水浸泡产生不均匀沉陷而引起。如图7-2所示。

图7-2 路面纵向裂缝

（3）块状裂缝。块状裂缝是指在路面上显示为较大面积的块状或不规则块状形状的裂缝，兼顾横向与纵向裂缝一起显示的形状，并且形态上整个块状裂缝各个裂缝之间的距离大小相差不大，尺寸上块状大小一般接近 0.5m，如图 7-3 所示。块状裂缝是由于长期的行车载重作用，道路路基建筑材料老化、材料随气温变化热胀冷缩和路基随压力变化所引起的塌陷，经常在宽广的路面上产生。

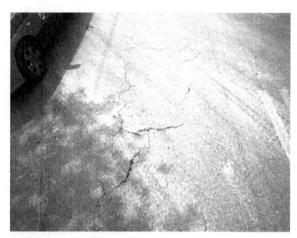

图 7-3　路面块状裂缝

　　(4)网状裂缝。网状裂缝是由线性裂缝连接成的不规则网格，如图 7-4 所示。路面产生网状裂缝的原因是道路结构中混有泥灰层，在长期使用时导致材料松动，在重力作用和雨水冲刷下产生龟裂；还有一个原因是新建道路时选用的建筑材料质量差，沥青混合料的黏接性差或者延度低，从而抗裂性差，当水分渗入时，造成道路里面龟裂。

图 7-4　路面网状裂缝

7.1.3　路面裂缝的识别面临的挑战

　　随着公路交通的不断发展，我国逐渐成为一个交通大国，道路里程数在不断增加的同时，道路养护也逐渐成为一个研究的热点。裂缝是混凝土路面病害的早期表现形式，因此，早发现、早治理裂缝对路面的养护起着重要的作用。自动化的裂缝检测技术相较于传统的人工检测方式，有着低成本、高效率的优点。而随着计算机硬件技术的不断突破，深度学习算法的不断优化，相较于基于传统数字图像处理的算法，利用深度学习算法自动化的裂缝检测技术有着更精确、鲁棒性更强的优势，因此利用其对混凝土路面裂缝图像进行研究也成为一种趋势。

公路路面裂缝识别技术经历了从人工到半自动化检测，直至现在较新的无损全自动检测识别三个阶段。路面裂缝检测技术主要包含人工视觉检测、数字图像处理及3D激光等检测方法。人工视觉检测具有速度慢、效率低、危险性高、全面性差等问题。随着图像采集技术及计算机处理技术的快速发展，数字图像处理技术在路面裂缝识别领域得到了广泛应用。

随着计算机辅助智能检测研究的深入，全自动裂缝检测技术越来越受到重视。然而由于在大多数情况下，裂缝都是细长的，呈不规则狭长的形状，并且往往埋藏在复杂的纹理背景中，这使得路面裂缝的识别具有很大的挑战。

传统上，道路路面裂缝的检测研究采用的方法为人工到现场检测，这种方法耗时费力，存在安全隐患并且不够客观，很难在大范围、精细化的尺度上开展。研究在维持正常交通并且节省维护费用的条件下，开展高效准确地检测裂缝具有重要的研究及现实意义。

近年来，传感器技术和数字化技术的不断进步为道路数据采集提供了新的手段。特别是以谷歌街景和百度街景为代表的高精度互联网街景图像，使得在更大空间尺度上研究现代城市特征识别有了新的数据源，并在此基础上产生了一系列研究方法。目前，广泛被人所熟知的街景图像有以下几种，分别是谷歌街景（Google Street View，GSV）、百度街景（Baidu Street View，BSV）和腾讯街景（Tencent Street View，TSV）。谷歌街景拥有全球一些城市的覆盖街景数据，而国内的百度街景和腾讯街景已经可以提供大中城市市区全范围的街景图像。对比以前需要从现场采集图像，互联网街景数据具有覆盖范围广、数据量大的特点，并且互联网地图供应商往往提供了街景图像的免费下载服务，这使得图像数据收集工作效率高，成本低，逻辑流程简单，便于操作。

目前，已有利用互联网街景图像进行道路交通标志的检测和映射，社区环境、城市安全感、收入预测和建筑特色的研究，还有学者开展了街道绿化率测度、城区街道空间品质测度等研究。由于互联网街景图像中包含城市基础设施的信息，从微观和人的视角精细化记录城市街道层级的立体剖面景象，可以直观准确地反映城市道路表面状况。以上街景图像的优点使得街景图像成为城市环境评价研究中重要的数据源，同时也为城市道路状况的检测提供了新的研究思路。

传统的图像处理算法对道路裂缝图像的识别效果欠佳，很难完全减弱或者避免道路路面图像上的背景信息。在过去的几年，深度学习在图像识别领域取得了巨大的进步，并成功地应用于图像识别，促进了其在道路病害检测中的研究与应用。

综上所述，目前已经有很多研究在路面裂缝识别方向使用深度学习算法，并且研究结果显示了检测结果良好。但是以上研究采用的训练数据集均是平行于路面拍摄的正射图像数据；图像信息较为单一，也仅仅包含路面和裂缝信息，且裂缝在图像中占比相对较大，易于神经网络的识别。而互联网街景数据则是一种规范化的全景数据，往往以人眼这种非正射视角拍摄，且并不针对性地关注路面病害，从而增加了道路病害识别的难度。

　　针对目前道路路面裂缝人工检测困难的问题，本研究提出一种自动化的路面裂缝检测方法，该方法的具体流程以及实现将在接下来的小节中详细介绍。

7.2　实景影像道路裂缝的提取方法

　　DeepLab V3+是一个语义分割网络，它是在 DeepLab V3 的基础上增加了一个 Decoder 模块，它的 Backbone 可以是 ResNet-101 或者 Xception，其中卷积操作采用的是 atrous convolution。Encoder-Decoder 网络已经成功应用于许多计算机视觉任务，通常，Encoder-Decoder 网络包含：

　　(1)逐步减少特征图并提取更高语义信息的 Encoder 模块；

　　(2)逐步恢复空间信息的 Decoder 模块。

　　DeepLab V3+使用 DeepLab V3 作为 Encoder 模块，并添加一个简单且有效的 Decoder 模块来获得更清晰的分割。

　　本节提出的方法为自动识别道路路面裂缝，该方法采用百度街景数据为数据源，采用 DeepLab V3+网络模型，通过调整网络结构中的参数，分割道路裂缝，探索在开放数据源和开源卷积神经网络的支持下，道路裂缝识别的实践运用可能，该方法的研究意义在于通过深度学习神经网络结合互联网街景图像可以大大提高路面裂缝的识别精度和效率，节约检测成本，可以为道路养护部门快速地提供及时、精确的路面裂缝识别信息，为现代智慧城市建设中的道路养护提供管理依据。

7.2.1　算法流程

　　本研究的道路裂缝分割方法主要基于 DeepLab V3+网络。首先采集图像，人工调整百度街景相机角度，找到道路路面信息占比较多的视角，通过百度全景静态图应用程序接口 (Application Programming Interface(API))，即一些预先定义的接口(如函数、HTTP 接口)，或指软件系统不同组成部分衔接的约定，用来提供应用程序与开发人员基于某软件或硬件得以访问的一组例程，而又无需访问源码，或理解内部工作机制的细节。下载固定角度的街景地图，对下载的图像进行切割、筛选操作，制作道路裂缝图像数据集，LabelMe 可对图像进行标注，包括多边形、矩形、线、点和图像级标注。利用标注工具 LabelMe 制作样本标签，对道路裂缝进行标注，并将制作好的训练样本分为测试集、训练集和验证集，训练集用于对 DeepLab V3+网络模型进行训练，训练过程中对道路裂缝和背景数据进行加权处理，当损失值收敛到一定程度时，停止训练。最后，利用训练好的网络模型对测试集进行分割，验证训练模型精度，具体流程图如图 7-5 所示。

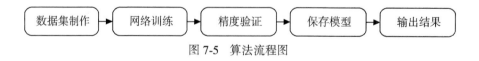

图 7-5　算法流程图

7.2.2 DeepLab V3+网络概述

语义分割是计算机视觉领域的重要技术之一，计算机通过识别图像像素的类别，对图像进行分割来实现对目标的识别。DeepLab V3+是图像语义分割领域中先进的深度学习模型，端到端的训练方式是其核心思想。

DeepLab V3+是编码器-解码器结构，如图7-6所示。

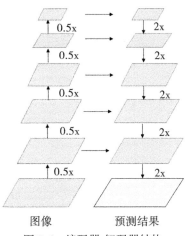

图 7-6 编码器-解码器结构

其中，空间金字塔模块在输入特征上应用多采样率扩张卷积、多接收野卷积或池化，如图7-7所示，通过不同分辨率以池化操作捕获丰富的上下文信息。编码器-解码器结构通过逐渐恢复空间信息来捕捉清晰的目标边界。

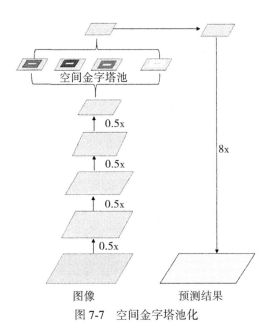

图 7-7 空间金字塔池化

该网络的优势是结合了空间金字塔模块和编码器-解码器结构的优点，如图 7-8 所示，具体来说，DeepLab V3+是以 DeepLab V3 为编码器架构，在此基础上添加了简单却有效的解码器模块用于细化分割结果，并使用扩张卷积在指定计算资源下控制特征的分辨率。在解码器模块中，使用 1×1 卷积减少来自低级特征的通道数，使用 3×3 卷积逐步获取分割结果。

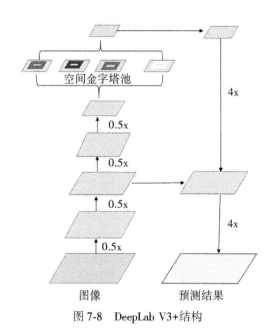

图 7-8　DeepLab V3+结构

道路裂缝识别 DeepLab V3+网络整体架构如图 7-9 所示。在 DeepLab 中，采用空间金字塔池化模块来进一步提取多尺度信息，这里是采用不同 rate 的空洞卷积来实现这一点。ASPP 模块主要包含以下几个部分：

（1）一个 1×1 卷积层，以及三个 3×3 的空洞卷积，对于 output_stride = 16，其 rate 为（6，12，18），若 output_stride = 8，rate 加倍（这些卷积层的输出 channel 数均为 256，并且含有 BN 层）；

（2）一个全局平均池化层得到 image-level 特征，然后送入 1×1 卷积层（输出 256 个 channel），并双线性插值到原始大小；

（3）将（1）和（2）得到的 4 个不同尺度的特征在 channel 维度集中在一起，然后送入 1×1 的卷积进行融合并得到 256-channel 的新特征。

在进行图像语义分割的过程之中，运用最多的即为编码-解码器结构，例如 SegNet 和 U-Net。我们通常所说的编码器主要产生于深度神经网络之中，且出现于分辨率较低的提取器之中，解码器指的是能够完全恢复到原图的部分。

在编码器-解码器架构中，通过扩张卷积平衡精度和运行时间。扩张卷积（Atrous Convolution）是一种强大的工具，可以明确控制深度卷积神经网络计算特征的分辨率，并调整滤波器的视野以捕获多尺度信息，推广标准卷积运算。在二维信号的情况下，对于输出特征映射 y 和卷积滤波器 w 上的每个位置 i，公式（7-1）在输入特征映射 x 上应用扩张卷积。其中，速率 r 在采样点之间引入 $r-1$ 个零，有效地扩展了感受野，而不增加参数和计算量。

$$y[i] = \sum_k x[i+r\cdot k]w[k]y[i] = \sum_k x[i+r\cdot k]w[k] \tag{7-1}$$

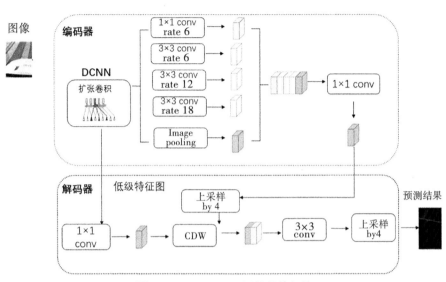

图 7-9　DeepLab V3+网络整体架构

7.2.3　数据不平衡问题

在机器学习中，不平衡数据集是指不同类别的样本分布不均衡，即某一类别的样本远远多于另一类别的样本。"不平衡"表示给定的数据集类分布是不均匀的，包括不同样本的数量比例和空间分布，比如医疗检测数据集、网络入侵检测数据集属于不平衡数据集，它们存在病患样本类、入侵样本类数量少的问题。数据不平衡会直接影响学习过程，不能学习到对少数类别的正确规则，导致少数类别的学习性能不佳，影响最后的预测结果。在不平衡数据识别过程中，对于少数类别识别的重要性高于对多数类别识别的重要性，即误识别少数类样本的代价大于误识别多数类样本的代价，由于少数样本蕴含更重要的信息，需要提高识别精度。道路裂缝数据集就是一种不平衡数据集，特别是街景地图，图像背景比较复杂，而道路裂缝呈现出细长的形状，背景和裂缝占比极度不平衡。

为了解决数据不均衡问题，对数据集中的道路裂缝类别进行加权设计，从而降低了少数类别分布不均衡带来的影响，提高了网络模型识别正确率。本研究通过统计训练图片各个类别的像素个数进行权重计算，根据计算结果设置每一类权重系数，将对应的类别乘上对应的权重系数。本研究建立的裂缝图片像素比为：

$$\frac{x}{y} = \frac{\sum_{i=0}^{k} \mathrm{px}(i)}{\sum_{j=0}^{m} \mathrm{px}(j)} \tag{7-2}$$

其中，px 表示像素个数，$\dfrac{x}{y}$ 表示道路裂缝像素个数与背景的比值，本研究的统计结果为 1/25。对 loss 的权重系数进行修改，如式(7-3)所示，其中 weights 代表总体类别的权重，y 表示背景的权重，x 表示裂缝的权重，label0 表示背景，label1 表示裂缝。

$$weights = label0 \cdot x + label1 \cdot y \tag{7-3}$$

7.3　实景影像道路裂缝的提取实例

本研究针对道路裂缝识别存在的数据集不平衡和复杂性等问题，提出了开放网络数据集和开源卷积神经网络结合下的道路裂缝新联合识别方法。

7.3.1　制作数据集

1. 数据获取

本研究的实验数据采用百度街景为研究数据源，取代传统的人工实地拍摄图像数据。百度街景图像可以提供图像的最大分辨率(宽度×高度)为 1024×512。通过百度全景静态图 API 爬取街道路网数据，基于确定各个街景数据采样点的地理坐标数据以及各个采样点的视线方向，通过输入视线水平和垂直方向的角度以及试点位置数据，可以抓取每一个样本点的街景视图，每张图片包含了位置点唯一标识符、经纬度、视线的水平角度和垂直角度等信息。最终通过 HTTP URL 形式调用百度街景 API 来实现海量的街景数据获取。街景图像下载相关参数设置如表 7-1 所示，其中水平视角 0°与垂直视角 40°下载的街景图像是下载街景图像道路信息占比最高的视角，图 7-10 为下载的街景图像。

表 7-1　　　　　　　　　　　　　　　　相机参数设置

参数	图片宽度(像素)	图片高度(像素)	水平视角(度)	垂直视角(度)	水平范围(度)
值	1024	512	0	40	90

2. 制作样本标签数据集

DeepLab V3+模型作为像元级图像分割模型，训练样本由图像数据和标签数据两部分组成。图像数据按照波段组织，每波段由一定数量行和列的二维矩阵组成，矩阵中每个单元为图像像元；标签数据为单波段的二维矩阵，行列数量与对应图像数据相同。将DeepLab V3+模型应用于道路裂缝信息提取，图像数据为街景图像数据，标签数据为道路裂缝标签。由于本实验没有公开的街景图像道路裂缝数据集，因此使用百度地图下载的街景图像人工解读制作数据集。

图 7-10　下载的街景图像

为了采集到更多的道路裂缝信息，下载的街景图像为最大下载图像，大小为 1024×512。为了便于数据的读取，提高处理速度，本研究使用 ArcMap 软件中的分割栅格工具对图片进行分割，分割后的图片大小为 512×512。然后使用图像标注软件 LabelMe 进行道路裂缝标注，LabelMe 是一个图形界面的图像标注软件。LabelMe 是 Python 程序编写的用来标注图像的可视化软件，可以方便地标注多边形、多段线、线段等图形，安装操作都很方便，这里道路路面裂缝的标注采用多段线的形式进行标注。

由于输入原图像和标注图像均要求统一为 512×512×3，然而标注后的图片格式为 24bit，由于 DeepLab V3+网络需要的标签图为 8bit 格式，程序转换最终的图片为只含有像素值 0 和 1 的灰度图。如图 7-11 所示。

7.3.2　语义分割实验评价指标

1. 损失函数

损失函数用来评价模型的预测值和真实值不一样的程度，损失函数越好，通常模型的性能越好。不同的模型用的损失函数一般也不一样。

损失函数分为经验风险损失函数和结构风险损失函数。经验风险损失函数指预测结果和实际结果的差别，结构风险损失函数是指经验风险损失函数加上正则项。

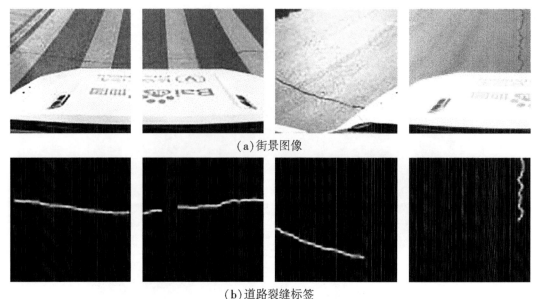

(a) 街景图像

(b) 道路裂缝标签

图 7-11　道路裂缝样本集

常见的损失函数包括：MSE 均方误差损失函数、SVM 合页损失函数、Cross Entropy 交叉熵损失函数、目标检测中常用的 Smooth L1 损失函数等。

交叉熵（Cross Entropy）是判断输出值和期望值之间接近距离的常用评判方法之一，是分类问题中使用比较广的一种损失函数，在信息论中，交叉熵表示两个概率分布 p，q，其中 p 表示真实分布，q 表示非真实分布，在相同的一组事件中，用非真实分布 q 来表示某个事件发生所需要的平均比特数。式（7-4）中给定两个概率分布 p 和 q，通过 q 来表示 p 的交叉熵。

$$H(p, q) = -\sum_x p(x)\log q(x) \tag{7-4}$$

交叉熵可在神经网络（机器学习）中作为损失函数，p 表示真实标记的分布，q 则为训练后模型的预测标记分布，交叉熵损失函数可以衡量 p 与 q 的相似性。交叉熵作为损失函数还有一个好处是使用 sigmoid 函数在梯度下降时能避免均方误差损失函数学习速率降低的问题，因为学习速率可以被输出的误差所控制。

softmax 回归将神经网络前向传播得到的结果转化为概率分布，假设原始的神经网络输出为 y_1，y_2，…，y_n，式（7-5）经过 softmax 回归处理之后输出。

$$\mathrm{softmax}\,(y)_i = y'_i = \frac{\mathrm{e}^{y_i}}{\sum_{j=1}^{n}\mathrm{e}^{y_j}} \tag{7-5}$$

把神经网络的输出变成概率分布后，通过交叉熵计算预测的概率分布和真实的概率分布之间的距离。交叉熵值越小，两个概率分布越接近。

2. 平均交并比

语义分割精度的常用衡量标准包括：像素精度、平均像素精度、平均交并比和频权交并比，本研究使用的衡量标准为平均交并比。

交并比(Intersection Over Union)的定义很简单，将标签图像和预测图像看成两个集合，计算两个集合的交集和并集的比值。而平均交并比则是将所有类的 IoU 取平均，交集为 TP，并集为 TP+FP+FN：

$$IoU = \frac{TP}{TP + FP + FN} \tag{7-6}$$

在计算机视觉深度学习图像分割领域中，平均交并比(MIoU)是语义分割实验中常用的标准度量，MIoU 可解释为平均交并比，表示计算真实值和预测值的交并比之平均值，计算过程为先计算每类上真实值与预测值交集和并集的比值，然后计算所有类别交并比的平均值。式(7-7)中假设共有 $k+1$ 个类(本研究中 k 为 1)，p_{ii} 表示预测类 i 正确的像素数量，p_{ij} 表示属于第 i 类但被预测为 j 类的像素数量。

$$MIoU = \frac{1}{k+1} \sum_{i=0}^{k} \frac{p_{ii}}{\sum_{i=0}^{k} p_{ij} + \sum_{j=0}^{k} p_{ij} - p_{ii}} \tag{7-7}$$

7.3.3 实验过程及结果

1. 实验参数设置

深度学习网络模型训练是在图像中进行特征学习的过程，对数据进行不断的迭代训练。本研究使用 400 张数据集进行实验，初始学习率值为 0.01，学习动量参数为 0.9，全局训练步长设置为 15000 步。在训练过程中，每训练 150 步长，保存一次当前的训练模型，并进行一次测试。经过 DeepLab V3+网络训练后，各项指标已经达到了较好的水平。

2. 网络训练结果

本研究实验网络训练结果如图 7-12 所示，图中表示损失值随迭代次数的变化过程，损失值随步长增加逐渐趋于稳定，训练 15000 步长后，loss 值已经收敛至 0.2 附近。

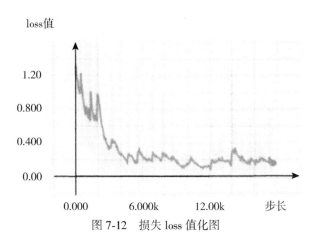

图 7-12　损失 loss 值化图

本次实验的 MIoU 随步长增加的变化如图 7-13 所示，可以看到 MIoU 的值逐渐增大，在训练步长为 15000 时，MIoU 超过 70%。

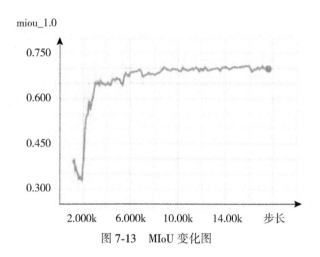

图 7-13　MIoU 变化图

FCN 对图像进行像素级的分类，从而解决了语义级别的图像分割（Semantic Segmentation）问题。与经典的 CNN 在卷积层之后使用全连接层得到固定长度的特征向量进行分类（全连接层+softmax 输出）不同，FCN 可以接受任意尺寸的输入图像，采用反卷积层对最后一个卷积层的 feature map 进行上采样，使它恢复到输入图像相同的尺寸，从而可以对每个像素都产生一个预测，同时保留了原始输入图像中的空间信息，最后在上采样的特征图上进行逐像素分类。

为验证实验网络模型的有效性，将 DeepLab V3+模型和 FCN 网络训练模型开展对比实验，采用相同的道路裂缝标签数据集作为训练数据，算法对比结果如表 7-2 所示，可以看出，本研究调整参数后训练的 DeepLab V3+网络参数模型，在 MIoU 和单次测试中所用时间明显优于 FCN。

表 7-2　　　　　　　　　　　　　　　　　不同算法对比

算　　法	MIoU	时间（单张图片分割所需时间）
FCN	65%	3s
本研究的 DeepLab V3+模型	72%	1s

图 7-14 为训练后的模型分割结果图，可以看到百度街景地图的背景比较复杂，其中包括树木、天空、车道线、部分百度街景车、行人、车辆等，使用本研究训练的网络模型进行道路裂缝分割后，道路裂缝的主要部分都被分割出来，已经十分接近人眼识别的效果。

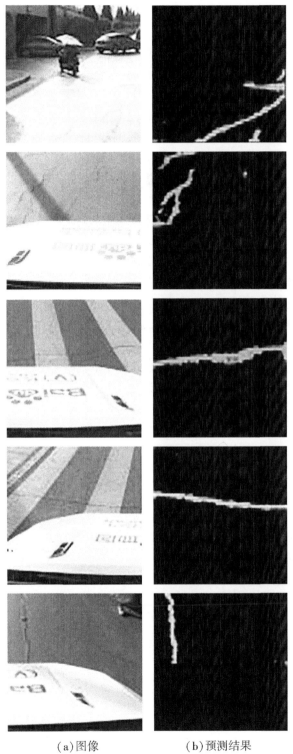

（a）图像　　　　　（b）预测结果

图 7-14　验证集部分预测结果图

7.3.4　结论

随着道路交通的高速发展，我国公路的里程也在不断增加。我们感受到国家交通便利给我们的生活带来便捷的同时，更感觉到良好的交通状况对我们的重要性，道路养护部门发挥着至关重要的作用，而道路病害的检测在养护工作中占据很大比重。人工检测一直是相关工作人员采用的方法，这种方法因为耗时耗力等存在诸多弊端，面对我国庞大的公路里程，目前急需一种更高效的方法对道路路面病害进行检测。在诸多道路病害中，道路裂缝是主要的表现形式之一，因此对道路路面裂缝的检测极具现实意义。然而检测数据源的获取占据工程的很大一部分工作，现有的数据源多由专门搭载相机的车辆拍摄道路路面获取，设备昂贵，获取数据成本高。

本研究针对道路裂缝识别存在的数据集不平衡和复杂性等问题，提出了开放网络数据集和开源卷积神经网络结合下的道路裂缝新联合识别方法。模型显示：

(1)基于语义分割网络 DeepLab V3+，验证了在背景信息复杂和不平衡的数据集中，DeepLab V3+网络模型可以解决数据集的不平衡和复杂性。

(2)该方法利用百度街景地图作为数据集，采用开放网络数据集和开源卷积神经网络联合的方式，成本低、效率高，解决了数据源获取难度大和人工识别困难的问题，在道路养护中，具有一定的实际应用价值。

(3)利用百度街景地图作为数据集，展示了 400 张数据集在经过训练 15000 步长后的模型，进行道路裂缝分割，经过评价标准的评定，平均交并比(MIoU)达到 72%。

第8章　实景影像道路路牌信息提取

随着城市的快速发展，道路交通标志的更新速度也加快了步伐，形成了城市中必不可少的标识。由于我国的高速公路总里程数较大，而且正在以每年0.8万千米的速度修建，在这样庞大的公路网络中，交通指路牌的数量多，路况也时刻都在发生变化。因此，需要简单易懂的路牌信息提示对交通进行引导，既能缓解交通拥堵的压力，又能提高道路通行能力。本章基于C#与深度学习的方法对道路路牌信息文字进行识别与提取，以期为无人自动驾驶领域、导航系统提供一定的技术基础，帮助获取更加准确的道路信息，提高道路行车安全。

8.1　实景影像道路路牌的特征分析

道路交通指路牌使用符号、图形和文本来传达道路交通信息和标识交通出行方位，保证路面畅通和交通安全，在人们的日常生活中起着正确引导及警示的作用。

8.1.1　路牌种类及其特征

交通标志的出现让道路交通变得井然有序，目前我国正在使用的交通标志主要分为以下几类：警告标志、禁令标志、指路标志、道路施工安全标志、指示标志和其他标志。其中，本章主要研究的指路标志大概有20多种，部分指路标志如图8-1所示，可分为十字交叉路口、丁字交叉路口、车道预告和街道名称等(张冲，2017)。

道路交通标志的设立需要遵循一定的规律，一般来说，路牌的形状、配色和版面信息需要根据我国国家道路交通和标线建设标准来设计(曹佳煜，2014)，且位置和高度通常也是固定的。因此，道路交通标志的路牌基本特征为：

(1)文字精练，图形较少，字体清晰、美观；

(2)字体采用简体方正黑体格式汉字；

(3)一般道路的指路标志颜色为蓝底白字的图案，高速公路的指路标志颜色则为绿底白字的图案；

(4)除地点识别、里程碑等外，其他交通指路标志的形状具有长方形或正方形的轮廓。

8.1.2　指路标志信息含义

基于国家标准规定，指路标志版面信息如图8-2所示。

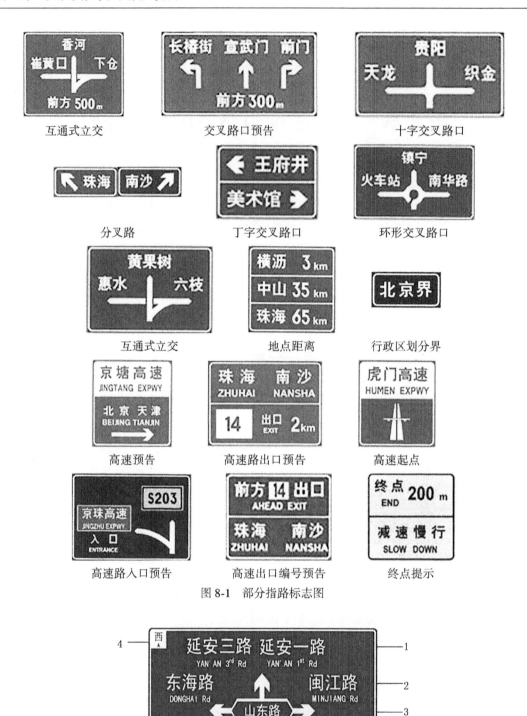

互通式立交　　　　交叉路口预告　　　　十字交叉路口

分叉路　　　　丁字交叉路口　　　　环形交叉路口

互通式立交　　　　地点距离　　　　行政区划分界

高速预告　　　　高速路出口预告　　　　高速起点

高速路入口预告　　　　高速出口编号预告　　　　终点提示

图 8-1　部分指路标志图

1—前方通达的道路或地点；2—左、右方向通达的道路或地点；3—前方交叉道路；4—地理方向信息

图 8-2　指路标志版面信息含义

1. 名称的标准制定

道路指路标志上的路名、地名应使用我国国家制定的标准名称,且箭头所指向的信息应该为道路所能到达的位置。

2. 地理方向信息标注

地理方向信息根据行驶方向而定,若路牌在行驶方向的右侧则在路牌版面的左上角标出地理方向,反之在路牌版面的右上角标注,若路牌标识为复杂的交叉路口图形时,也可以在路牌版面的左下角或者右下角标注地理方向。

3. 版面尺寸的设计

指路标志的版面尺寸要与路牌文字的数量、图形和符号等因素相互协调,且路牌在设计时,字高和字体按表 8-1 执行。

表 8-1   汉字高度、宽度与设计的行车速度的关系

设计行车速度(km/h)	100~120	71~99	10~70	<10
汉字高度(cm)	60~70	50~60	40~50	25~30
汉字宽度(cm)	60~70	50~60	40~50	25~30

8.1.3 道路路牌研究意义

随着经济的快速发展,汽车在人们的日常生活中越来越重要,路牌作为指引导航的工具,几乎随处可见,以安全、清晰和设置醒目为特点,用文字或者简单易懂的符号向人们传递、指示并警告道路信息,保证道路交通安全,通行顺畅。然而,路牌通常设立在道路的上方或两侧位置,当驾驶者在行车过程中需要了解道路信息时,注意力很容易被分散,尤其是在不熟悉的道路上驾驶车辆,由于减速观察路牌上的文字导致交通堵塞和交通事故(张丽英等,2019)。因此,路牌信息的有效提取与识别技术在无人自动驾驶领域、导航系统中的应用极为重要,能够帮助人们获取更加准确的道路信息,提高道路行车安全。

8.2 实景影像道路路牌的提取方法

近年来,随着深度学习的不断发展,为基于图像处理技术的汉字识别应用奠定了理论基础。根据对象提取方法和目标检测是否需要训练将道路路牌的识别与信息提取方法分为两类:基于图像的处理方法和基于机器学习的方法。

8.2.1 图像预处理方法

图像预处理是改善图像质量的方法,通过对图像进行适当的变换,削弱或者去除无用

的信息，突出有用的信息，增强图像的对比度。结合图像分割、图像形态学等处理方法，利用待检测目标的颜色、纹理和形状等信息，实现目标检测与识别。由于道路交通标志图像在获取过程中会受到天气、光照以及周围环境的影响，使得背景复杂并掺杂各种噪声。因此，为了识别准确的图像信息，进行预处理操作是非常重要的。

实景影像获取的图像一般是通过车载摄像头拍取得车辆前方影像，由道路两侧、上方等出现的路牌和影像组成，对获取到的实景影像进行合适的预处理，识别出路牌上的文字信息，获得有用的路牌指示。图像预处理流程如图 8-3 所示。

图 8-3　道路路牌实景影像预处理流程图

首先要在实景影像中检测出路牌，将路牌区域进行分割处理。然后对分割处理后的图像进行倾斜校正，因为在实景影像获取过程中，车载摄像头的拍摄方向与路牌所对的方向会存在一定的角度变化，导致影像存在一定程度的变形扭曲和倾斜。接着对图像进行字符定位并做分割处理。最后对分割后的字符图像进行归一化处理，提取文字信息及特征，得到最终的文字识别结果。

1. 路牌区域检测

路牌区域检测是图像预处理最基本的步骤，根据路牌的颜色和形状特征，依次对采集到的路牌图像进行灰度化、颜色空间变换处理、边缘检测、角点检测、颜色相似性判定等处理。

1）灰度化

通常由车载摄像头获取到的实景影像照片或多或少地会存在干扰信息，通过灰度化处理可以改善图像的明暗对比度并且去除多余的信息，将三维描述的像素点映射为一维描述的像素点。由于人们对红（Red）、绿（Green）、蓝（Blue）三种颜色的视觉敏感度不同，因此根据每种颜色在实景影像中所表现的程度进行权重分配，将三个分量值加权平均后求得的值作为灰度值，计算公式如式(8-1)所示。

$$Gray = 0.587 \times R + 0.299 \times G + 0.114 \times B \tag{8-1}$$

其中，R、G、B 分别为原彩色影像像素所对应的红、绿、蓝三个分量值，Gray 为经过灰度化处理后的灰度值，示例结果如图 8-4 所示。

图 8-4　原图与灰度化处理图

2）颜色空间变换处理

由车载照相机获取的道路实景影像图是彩色图像，需要经过颜色空间变换处理，将 RGB 颜色空间由基于笛卡儿坐标系的单位立方体向基于圆柱极坐标的双锥体转化，并用色调、饱和度和亮度来描述颜色的 HIS 空间。分离 RGB 中的亮度因素，用角向量表示色调，色度分解为色调和饱和度，经过处理后的颜色空间变换实例如图 8-5 所示。

图 8-5　原图与 HIS 颜色空间处理图

3）基于数学形态学的边缘检测

图像中灰度级数发生变化的某区域称为边缘，采用算法提取实景影像中检测对象与背景间的交界线是图像处理领域中最基本的问题。其中，边缘检测的实质是将影像中亮度变化明显的点标识出，用来提取路牌的边缘信息。一般步骤（林付春等，2018）如图 8-6 所示。

图 8-6　边缘检测算法的一般步骤

基于数学形态学的边缘检测算法对道路路牌边缘特征进行提取，首先确定路牌中的边缘像素，然后通过一定的方法把它们连接在一起构成所需要的边缘（孟彩霞等，2019）。Sobel 算子计算方法简单、快捷，因此，采用 Sobel 算子检测图像边缘点，通过对每个像素点进行卷积处理，更好地平滑处理噪声较多的路牌实景影像。经过 Sobel 算子边缘检测后的实例如图 8-7 所示，较好地保留了路牌区域的轮廓信息。

图 8-7　原图与边缘检测 Sobel 算子处理图

4）基于图像邻域灰度变化的角点检测

影像中的角点灰度值变化较大且边缘曲线的曲率值较大，信息的数据量较少，但包含了重要的结构信息，具有尺度不变性和旋转不变性的特点（秦玮等，2019）。采用 Harris 算法计算窗口沿任意方向移动后的灰度变化值来实现对路牌的角点进行检测，实例结果如图 8-8 所示。

图 8-8　原图与角点检测处理图

5）颜色相似性判定

彩色图像包含了丰富、大量的信息，且有多种颜色空间的表达方式，因此，在彩色分割算法中比较像素之间的图像特征一致性或相似性是非常重要的过程。根据实景影像分割的目的和要求，将路牌图像分为 R、G、B 三通道，然后计算各自的直方图，对两幅图的 R、G、B 三通道分别进行直方图匹配，最终对匹配结果求平均值，经过颜色相似性判定结果如图 8-9 所示。

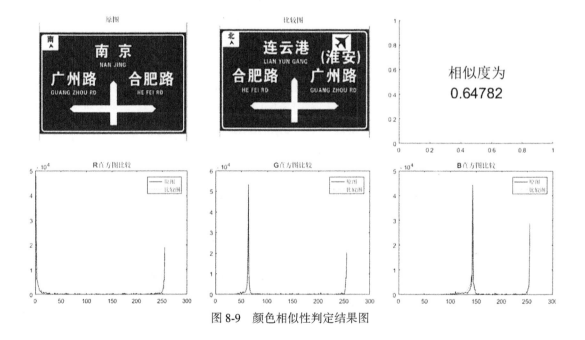

图 8-9　颜色相似性判定结果图

2. 基于 Hough 变换的路牌区域倾斜校正

在汽车行驶过程中，由于车载摄像头的位置和角度不同，与道路两边出现的正向路牌之间也存在一定的角度，所拍摄的实景影像随之发生一定程度的扭曲变形与倾斜，因此，需要对检测出来的路牌区域进行倾斜校正，协调解决好校正质量和校正速度的矛盾，使得路牌边框由倾斜状态变为水平状态。

最常用来实现倾斜图像的准确高速校正方法是霍夫（Hough）变换，利用点与线的对偶性，使在一个空间具有相同形状的直线或者曲线映射到另一个空间的点上，形成一个峰值，将整体特性检测转化为局部特性检测，即为一种特征检测（杨佳豪等，2019）。

对路牌区域的倾斜校正，首先要获取倾斜的角度参数，利用 Hough 变换来检测路牌图像边缘直线，以获取直线的倾角和长度信息，从而获得路牌的倾角信息；然后对路牌进行图像旋转操作获得校正后的图像，如图 8-10 所示。

图 8-10 原图、边缘检测结果图与倾斜校正结果图

3. 基于水平和垂直投影的路牌文字分割

为了获得清晰、完整的文字信息，需要对路牌进行文字分割处理，把无关的背景信息从文字中分离，以文字块的方式表现出来。首先，对倾斜校正后的图像进行二值化处理，灰度值设置为 0 或 255，处理结果如图 8-11 所示，颜色呈现黑色和白色两种状态。然后根据路牌文字特征与信息提取要求进行水平投影和垂直投影操作，有效地对文字字符进行分割。

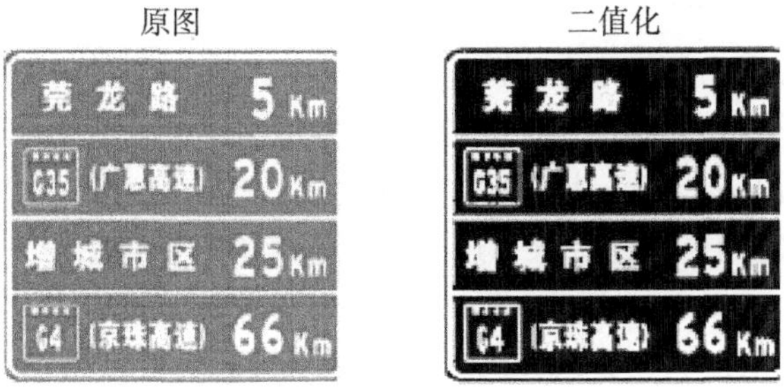

图 8-11 原图与二值化处理后图对比

1）水平投影

对二值化后的图像在垂直方向上进行水平投影，统计由上到下每一行的白色像素点个数，投影结果如图 8-12 所示，在水平方向累计的值最低的位置是路牌的边框和文字之间的白色像素点，随后出现白色像素点峰值，即为文字或者边框的位置。

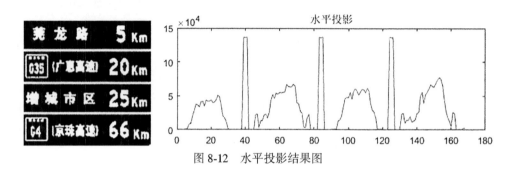

图 8-12　水平投影结果图

2）垂直投影

由于路牌图像文字之间有一定的间距，所以，在文字的间隙处垂直投影值最小，垂直投影如图 8-13 所示。投影中有明显的波峰和波谷，波峰对应路牌的文字部分，波谷对应文字之间的间距空白部分，根据垂直投影寻找每一个波峰和波谷，即路牌文字的中心位置和边缘，结合文字的宽度，便可以实现文字分割（孟彩霞等，2019）。

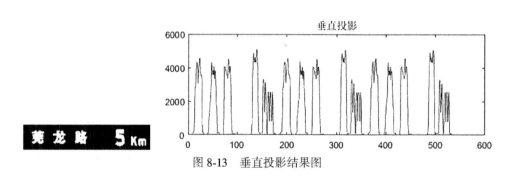

图 8-13　垂直投影结果图

8.2.2　光学字符识别技术

光学字符识别（Optical Character Recognition，OCR）是针对文本材料的图像文件，使用字符识别的方法进行分析与识别处理，从而获取文字信息的过程，即识别图像中的文字，并以文本的形式呈现出来。随着计算机技术的发展，越来越多的 OCR 文字系统被人们普遍应用，然而系统性能的好坏还要依靠这些指标进行衡量，包括识别速度、误识率、拒识率和易用性等。

根据所需识别的图像内容将 OCR 的应用场景分为识别特定场景下的专用 OCR 以及识别多种场景下的通用 OCR。其中，识别车牌和证件等是专用 OCR 的典型案例，针对特定场景进行设计、优化从而达到最好的效果展示。而在更多、更复杂的场景识别下，使用最多的是通用的 OCR，由于图片背景复杂、字体多样、文字扭曲和光照亮度不均衡等场景的不确定性，为文字识别带来了极大的挑战。典型的 OCR 技术路线如图 8-14 所示。

图 8-14　OCR 技术路线图

其中，OCR 识别的关键步骤在于文字检测和文本识别两部分内容，可以充分地在深度学习领域发挥功效。

8.2.3　场景文本检测算法

二值化模块（Differentiable Binarization，DB）是一种基于分割的文字检测算法，也就是将分割法产生的热力图转化为文字区域和边界框，这个过程中包含了二值化后处理，该过程是非常关键的一步，通过设定固定阈值的二值化操作难以适应复杂多变的检测场景，因此利用一种可微分的二值化操作，通过将二值化操作插入分割网络中进行组合优化，从而实现阈值在热力图各处的自适应，提升网络性能。

1. 文本检测流程图

两种文本检测流程如图 8-15 所示，其中，传统方法的路线为蓝色，在得到分割结果之后采用一个固定的阈值得到二值化分割图，最后采用像素聚类的启发式算法得到文本区域。而 DB 算法的路线为红色，与传统方法不同的是，将二值化操作嵌入分割网络中并进行组合优化，通过深度学习网络预测图片中文字位置的阈值，生成与热力图相对应的阈值图，当然，这个阈值不是一个固定的数值，最后，分割图与阈值图结合生成最终的二值化图像，可以很好地将背景与前景分离出来。

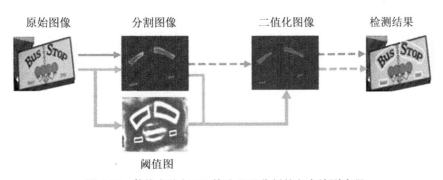

图 8-15　传统方法与 DB 算法基于分割的文本检测流程

2. 二值化方法

1）传统二值化

传统二值化方法主要分两类：全局阈值和局部阈值，其中，全局阈值的方法可以形式化如下：

$$B_{i,j} = \begin{cases} 1, & \text{if } P_{i,j} \geq t \\ 0, & \text{otherwise} \end{cases} \tag{8-2}$$

式中，P 表示概率图；t 表示划分阈值。通过固定的阈值对网络输出的热力图进行划分，但是这种传统的二值化方法是不可微分的，无法在训练阶段随着分割网络被优化。

2）可微分的二值化

为了解决在上述传统二值化方法中遇到的问题，提出了一个函数来近似这个二值化过程，即：

$$\hat{B}_{i,j} = \frac{1}{1 + e^{-k(P_{i,j}-T_{i,j})}} \tag{8-3}$$

式中，$\hat{B}$ 是生成的近似二值图；T 是生成的阈值特征图；k 是放大倍数，使得二值化的计算可微，从而满足梯度反向传播的条件。该函数的曲线与传统二值化方法曲线具有较高的近似度，而且还是可微的，不但可以将文本区域从背景中抽取出来，还可以摆脱文本之间相互粘连的情况。

8.2.4　卷积递归神经网络

卷积递归神经网络（Convolutional Recurrent Neural Network，CRNN）是深度卷积神经网络（Deep Convolutional Neural Network，DCNN）和递归神经网络（Recursive Neural Network，RNN）的组合，其网络结构专门用于识别图像中的序列式对象。因此，CRNN 具有优于传统神经网络模型的几点优势：

（1）CRNN 所包含的参数较少，利用的存储空间也随之减少；

（2）CRNN 不受序列式对象长度的限制，在训练和测试阶段高度归一化即可；

（3）与 CTC loss 配合使用进行文字识别，能够比较灵活地计算损失，进行梯度下降；

（4）不需要逐字符地标注就可以直接在文本的行级或是词级标注中进行学习。

CRNN 的网络结构由三个部分组成，自下到上包括卷积层、循环层和转录层，如图 8-16 所示。卷积层位于 CRNN 的底部，自动从每个输入图像中提取特征序列。然后，建立循环网络，对由卷积层输出的每帧特征序列进行预测。最后，采用 CRNN 顶部的转录层将循环层的预测结果转换为标签序列，并通过 CTC loss 损失函数进行联合训练。

1. 卷积层网络结构

卷积层主要是为了从图像中提取特征序列，将输出作为循环层的输入，例如，将 32×32×33 大小的图片输入神经网络中，经过卷积层之后，变为 1×8×512 大小的特征向量，即垂直方向的缩放倍数为 32，水平方向的缩放倍数为 4。

2. 循环层

循环层是对特征序列进行预测的关键一步，采用双向 RNN 网络，使得序列的前向信息和后向信息帮助序列进行预测。其输出值经过损失函数计算后，得到数据在原有字符上的分类概率。

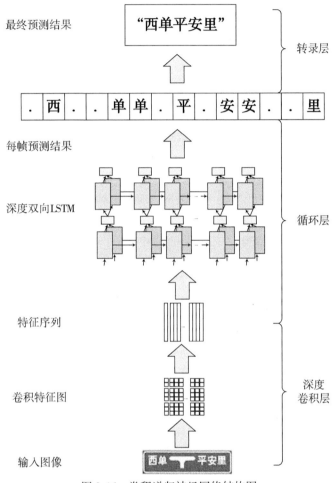

图 8-16　卷积递归神经网络结构图

3. 转录层

转录层经过去重、整合等操作将 LSTM 网络预测的特征序列的结果转换成最终的识别结果。由于输入的路牌图像存在图像变形、字符间隔等问题，导致同一个字符具有不同的表现形式，从而引入 CTC 模型，去掉间隔字符和重复字符，用于执行端到端的训练，解决了输入数据与给定标签对齐的问题。

解决输入数据与给定标签的对齐问题，可用于执行端到端的训练，输出不定长的序列结果。

8.3 实景影像道路路牌的提取实例

实景影像道路路牌文字提取实验分为两种：基于 C#的路牌文字识别和基于深度学习的路牌文字识别。前者使用 C#语言设计并实现了一个简单的路牌文字识别系统，识别速度不超过 1s；而后者利用已经训练好的开源 PaddleOCR 文字识别模型对路牌文字进行识别，识别精度高达 100%。

8.3.1 制作数据集

路牌识别实验中最重的一步就是实验数据的获取，影像数据质量越好，识别的速度就越快，精度也越高(潘兴楠，2020)。本章的训练样本数据集主要来源于手写 OCR 数据集，包括中国科学院自动化研究所制作的手写中文数据集和 NIST 英文手写单字数据集。其中，中文数据包含在线和离线两类手写数据，HWDB1.0~1.2 总共有 3895135 个手写单字样本，分属 7356 类(7185 个汉字和 171 个英文字母、数字、符号)；HWDB2.0~2.2 总共有 5091 页图像，分割为 52230 个文本行和 1349414 个文字。NIST19 数据集适用于手写文档和字符识别的模型训练，从 3600 位作者的手写样本表格中提取得到，总共包含 81 万张字符图片。

测试样本数据集主要来源于百度街景地图与国家标准《道路交通标志和标线》(GB 5768.2—2009)相关内容，其中百度街景地图数据是在测量车移动过程中进行截取的，分辨率较低；国家标准《道路交通标志和标线》中的指路标志图片根据类型、文字分布等进行选取，部分数据如图 8-17 所示。

图 8-17 部分路牌数据集

8.3.2 基于 C#的路牌文字识别

C#是一种由 C 和 C++衍生出来的安全的、稳定的、简单的面向对象的编程语言,本实验通过调用 Ocr API 实现了路牌文字识别,除了显示识别结果之外,还能计算出识别所用的时间,具体操作及实现步骤如下。

1. 主界面设计图

在 Visual Studio 中新建一个 Windows 窗体,将工具箱中的 Lable、Text、Button、GroupBox、Picture 和 StatusStrip 等控件按照如图 8-18 所示进行设计,完成路牌文字识别系统主界面。

图 8-18　主界面设计图

2. 创建百度应用

登录进入百度 AI 官网,点击右上角控制台,在左侧导航栏中找到"图像识别",点击进入。然后点击"创建应用",分别输入应用名称(自定义)、应用类型(自行选择)、接口选择(默认)和应用描述四部分内容完成创建。最后返回应用列表,找到刚刚创建的应用,并记录 APPID、API Key 和 Secret Key,在调用 API 时需要插入这些配置值。

3. 引用 Baidu. Aip(SDK)

C#文字识别的 SDK 目录结构如图 8-19 所示。

将官方网站下载的 C# SDK 压缩工具包解压后,在代码首部添加 AipSdk. dll 和 Newtonsoft. Json. dll 引用。

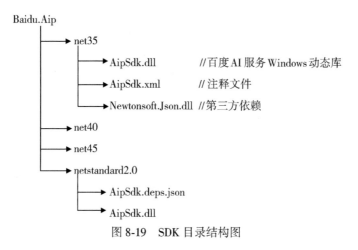

图 8-19　SDK 目录结构图

4. 调用 API

API 是预先定义的接口，用来控制系统各个部件预先定义的函数，以供调用，代码如下：

```
var client=new Baidu.Aip.Ocr.Ocr(_api_key, _secret_key)
```

5. 识别结果

点击"选择图片"按钮，在数据集中选择要识别的路牌，识别结果如图 8-20 和图 8-21 所示，路牌实景影像中的数据由于文字扭曲、变形，识别速度较慢、精度不高，而标准路牌识别耗时短，准确度较高。

图 8-20　实景路牌识别结果图

图 8-21　标准路牌识别结果图

8.3.3　基于深度学习的路牌文字识别

随着人工智能的不断发展，人工智能技术的定义也在不断拓展。深度学习作为一种新兴的机器学习技术，通过模拟生物神经网，使得机器能够具备学习能力，从而获得智能。目前，图像识别是深度学习领域最受青睐的应用方向，深度模型具有强大的学习能力和高效的特征表达能力，因此基于深度学习的方法对实景影像道路路牌的文字进行快速提取，使该技术应用到无人驾驶以及更多的领域中，实现智能化发展。

本节路牌文字识别实验基于分割的文本检测算法得到的文本框，并对其进行角度分类，随后采用 CRNN-CTC 模型进行识别，该模型是一种端到端的图片文本识别方法，支持中、英文识别，同时，也可以针对倾斜、竖排等多种方向的路牌文字进行识别。为了方便实验的进行，可以使用 PaddleOCR 开源套件训练自己的超轻量模型，实验步骤如下：

1. 定义待预测数据

本实验的待预测数据是一张张交通指路路牌图像，为了将图像存储起来，计算机要分别存储与图像对应的红、绿、蓝三个颜色相对应的独立矩阵。输入图像的大小为 64×64 个像素，因此三个对应红、绿、蓝的 64×64 大小的矩阵代表一张图像的强度值。为了方便后续数据的处理，将以上三个矩阵转换为一个向量，总维数为 64×64×3，结果为 12288。通过神经网络输入的数据被称为特征，那么，路牌图像中就有 12288 个特征，该向量也被称为特征向量，神经网络接受输入的特征向量后，再预测给相应的标签判断是否存在要预测的内容。

2. 加载预训练模型

路牌文字的识别是在图像比较复杂、字号不一、分布随意和分辨率低等情况下将图像信息转化为文字序列的过程。经过实践证明，由于前期收集到的路牌数据集有限，使用预训练后的模型对路牌上的文字进行识别性能更高，训练的速度也更快。因此，采用预训练的 CRNN-CTC 模型，首先利用 CNN 提取图像卷积特征，然后使用 RNN 进一步提取图像卷积特征中的序列特征，最后引入 CTC 损失函数，采用贪婪策略和 CTC 解码策略解决了训练时字符无法对齐的问题。

3. 路牌文字识别

将已有的待检测路牌图像加载到训练好的模型中进行文字识别，结果如图 8-22 所示，检测框所包含的文字识别的精度高达 100%。

识别出的文字	精度
香河	1.000
崔货口　下仓	0.610
前方 500m	0.928

识别出的文字	精度
京塘高速	0.998
JSGIASCEXPWY	0.591
廊坊入口	0.918

识别出的文字	精度
终点 200m	0.992
END	0.995
减速慢行	0.998
SLOW DOWN	0.910

识别出的文字	精度
珠海	0.999
南沙	0.999
ZHUHAI	0.949
NANSHA	0.990
14	0.999
出口	0.913
2	1.000
km	0.894
EXIT	0.995

识别出的文字	精度
G1	0.991
京哈高速	0.996
原京沈高速	0.995

识别出的文字	精度
北 N	0.804
窑洼湖桥	0.957
YAOJIAHU Bridge	0.949
华威桥	0.993
HUAWEI Bridge	0.966
G1	0.987
（东三环）	0.995
东五环	0.998
四方桥	0.999

图 8-22　路牌文字识别结果

8.3.4　结论

近几年来，无人驾驶和辅助驾驶技术受到广泛关注，本章分别基于 C#和卷积递归神经网络模型对交通指路路牌上的文字进行识别，在路牌识别系统中，使用 C#语言，调用 Ocr API 实现了对路牌文字的识别。同时，在 Paddle 框架下构建一个 CRNN 的实景影像路牌信息提取模型，完成对指路路牌图像上的文字识别，网络具有很好的稳定性，收敛速度快，训练效率也很高。通过对测试集的检测，该模型在对路牌指示标志识别方面具有良好的稳定性和可靠性，同时也证明了基于深度学习的交通标识识别方法的可行性。

第9章　实景影像城市环境专题应用

从古至今，人类一直致力于对理想生活的探索和追求，从人类有生态意识到觉醒，开辟了一条可持续发展的道路——生态城市，意味着人类城市迎来新的发展阶段。生态城市自提出以来，我们对生态城市的认识仍然停留在比较模糊、表象的层面，很多城市并未达到生态城市的标准。所谓生态城市，就是在经济、社会、文化、生态四个方面保持高度和谐，达到城市内部的物质循环、能量流动，信息传递环环相扣，协同共生的状态。鉴于城市街景图像的优势，街景图像已成为城市研究中新的数据源，使用街景图像研究城市各类环境评估也成为一种趋势。对于城市美学环境、物理环境、社会环境、经济环境方面的研究，也层出不穷，主要使用的数据源有：遥感影像和街景图像。相较于遥感影像而言，街景图像更具有优势：一是，街景图像以行人的角度详细系统地记录了城市街道周围的地形地物，可以直观地反映城市面貌、经济状况、人口规模、生活方式等；二是，街景图像覆盖范围广、数据量大、收集效率高、成本低，不管是百度地图、腾讯地图还是谷歌地图都为不同国家或者不同城市的评估提供了大量街景图像。

目前，基于街景图像的城市研究及评估还处于初期阶段，一方面是将街景图像与深度学习技术相结合，另一方面在大数据时代，以街景图像、遥感影像为基础数据的城市应用研究，为城市环境评价研究提供了新的理论和方法。本章旨在介绍几例基于街景在各个领域的应用，为学习者扩展研究思路。

9.1　基于街景的城市美学环境评估

城市美学思想是对城市的理解和阐述，涵盖甚广，并没有形成成熟的学科体系。城市美学的范畴主要包含了城市的历史与建制、城市与自然的关系、城市的建筑景观和艺术形成的空间美、城市居民的生活体验等美学问题(赵珺，2019)。基于街景图像对城市美学环境的研究，相对成熟的是对城市绿植进行提取并量化(图9-1)，城市绿化包括街边的树木、草地和相关的植被，长期以来一直被认为对改善城区的环境具有重要意义。例如：Yu Ye等(2019)对新加坡地区的绿化程度做出相关研究分析：

(1)通过SegNet网络对绿色植物进行提取，再使用SVM分类器，对街道绿化程度的高低进行准确分类；

(2)利用空间分析，对街道可达性进行分析；

(3)将街景与遥感影像中提取出的绿化面积做比较。该研究将街道可达性和街道绿化的可见性相结合，使人们能够有效量化"每日可见的绿化"，并挖掘街道潜在的绿化能力。

图 9-1 绿植信息提取

城市建筑是城市文化的集中体现，各个城市拥有不同的地域特色和风土人情。城市建筑在满足其基本功能外，还需展现其特色。随着城市建设的扩张，大量建筑物拔地而起，造成城市风貌单一、"千城一面"的现象。因此，城市建设时要尊重城市的地理风貌、历史文化、地域特色，打造独一无二的城市"名片"，要解决当下城市风貌的困境，就需要现代科技手段的支持，建筑风貌类型识别如图 9-2 所示。图中的建筑风貌与云南昆明有54%的相似性，与云南丽江有13%的相似性，与重庆、四川成都、广西桂林、陕西西安分别有10%、9%、7%、1%的相似性。

| 云南昆明：54% |
| 云南丽江：13% |
| 重庆：10% |
| 四川成都：9% |
| 广西桂林：7% |
| 陕西西安：1% |

图 9-2 建筑风貌类型识别

基于街景图像对城市建筑类型进行分类(廖自然，2019)，如图 9-3 所示，主要是：① 先使用 InfoGAN 的无监督方法对街景做大致分类，分出有建筑物的街景与无建筑物的街景；②再使用 MobileNet 模型对有建筑物的街景进行掩膜处理，突出建筑物的图像特征，避免图像中植被、车辆等物体的影响；③再通过 InfoGAN 模型对街景图像中的建筑物进行分类，但是分类过程中容易将非居住类建筑物识别为居住类建筑物；④若要进一步精细化识别建筑物类型，再使用 ResNet 模型，制作训练样本集进行监督学习。该研究对城市建筑类型的量化分析方法，不仅可以提高规划者全面获取城市风貌现状的效率，也可以更加客观地进行城市设计。

图 9-3　建筑物识别与提取

　　基于街景图像的城市美学环境评估，还有街道公共色彩感知（图 9-4），街道垃圾识别（图 9-5）等应用，街景作为最能反映城市内部真实状况的图像数据，为建设美丽城市研究提供了新的思路。

图 9-4　街道公共色彩感知

图 9-5　街道垃圾识别

9.2　基于街景的城市物理环境评估

　　城市物理环境分为：自然环境和人工环境。自然环境包括：城市地质、土壤、气候等。人工环境包括：土地利用、基础设施、废气、废水等。其中，空气污染影响着全世界数十亿人，但是空气污染的测量方法在世界大部分地区的应用还是很局限的，尤其是在许多发展中国家，缺乏全面的空气质量监测。由于空气污染的排放源与传播方式等原因，固定的污染监测点并不能准确地检测人类接触的污染的源头和浓度，而空气污染却在流行病学、空气质量管理、环境质量等方面有重要应用，因此准确测量和治理空气污染有着重要的意义。在过去的 20 年里，空气污染评估技术的进步推动着科技的发展。但是用于空气污染监测的数据源缺少时效性，都需要快速收集当地信息，来预测空气污染的分布。一个典型的研究是将采集街景的车辆与污染探测器相结合，在采集街道图像的过程中，同时获取当时位置的空气污染数据(Joshua et al., 2017)，在研究中为谷歌街景车(图 9-6)配备了快速响应污染测量平台，并对加利福尼亚州奥克兰每 $30km^2$ 区域内的每条街道进行了重复采样，连续测量了两年(2015—2016 年)，获得了最大的城市空气质量数据集，由此来分析每日的 NO、NO_2、黑炭等空气污染物的变化，揭示持续的污染情况。经过分析后，发现港口、十字路口、餐厅、仓库、工厂、车辆经销商处等的污染程度远高于其他区域。将采集的数据进行空间分析，制作出可以显示每个街道污染程度的动态地图，辅助城市规划者做出决策，也为居民提供更明智的选择，例如：学校、住宅区的建设选址或者为居民户外活动提供参考。

　　人造光改变了居民的生活，提高了城市的经济水平、可见度及公共区域的安全性。但是，光污染是继空气污染、水污染、噪声污染等之后的一种新的环境污染源。然而，由于缺少对城市光环境夜间照明的相关标准、光污染监测评估等设施及技术手段，使越来越多的居民生活在光污染的环境下，对居民身心健康、动植物与生态系统、交通安全、资源利用造成极大影响。在以往的研究中，关于城市光照的大部分研究，使用的数据源是遥感影像，具有无法更精细地评估城市内部的光污染。因此，一个典型的研究是将街景图像作为数据源，提出一个计算光反射量的模型。在城市内部，影响光传播的两个主要方式是：光照射到地面，再反射到环境中；透过树木和建筑物的遮挡照射到天空中，研究中使用街景图像中的树木遮挡度和街景图像中的城市开阔度(图 9-7)为变量来评估城市光污染状况(Li et al.，2019)。

图 9-6　谷歌街景车与空气污染监测器

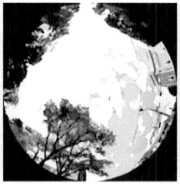

图 9-7　城市开阔度识别

　　街景图像除了可以用来评估空气污染与光污染程度以外，还可以用于识别水漂浮物(图 9-8)、黑臭水体(图 9-9)等，随着科学技术的发展，街景图像在城市物理环境评估中的应用越来越广泛与成熟，为城市污染防治提供决策支持。

图 9-8　水漂浮物识别

图 9-9　黑臭水体识别

9.3　基于街景的城市社会环境评价

城市社会环境的内容涵盖甚广，从广义上来说包括整个社会经济文化体系，如：生产力、生产关系、社会制度、社会意识和社会文化等；从狭义上来说是指居民接触的直接环境，如：家庭观念、劳动组织、学习观念等。总的来说，在自然环境的基础上，社会环境是人类通过长期的劳动形成的思想体系与物质文化等，与自然环境是相对的概念。每个国家在社会调查方面花费巨大，不管是在人力、时间还是金钱方面，主要是采集与民族、性别、教育、职业和其他人口统计因素相关的统计数据。

由于人口的激增和社会的快速发展，社会调查部门不能快速地采集到实时数据，街景图像可以作为调查的基础数据，是可以客观反映城市内部信息的一类数据，为社会调查提供了新的思路。一个使用街景图像预测美国居民的经济状况和政治偏好的典型研究（Timnit Gebru，2017）分析了美国的 200 座城市，共 5000 万张谷歌街景图像街景。谷歌街景已经覆盖了美国的大部分地区，成为一种较为实用的数据类型。在这些街景图像中，可以记录街道旁的房屋、景观和车辆。其中，车辆是美国文化中最具个性化的表现方式之一：超过 90% 的美国家庭拥有一辆汽车，他们对汽车的选择受不同因素的影响，包括家庭需求、个人偏好和经济水平（其他影响因素：如房屋间距、楼层数和灌木丛的范围）。因此，可以通过统计每个城市的车辆类型，从而推断出该城市的人口特征、地区文化、政治倾向等。从街景中识别出车辆（图 9-10），确定车辆的位置、制造厂商、型号、生产年份等，再结合美国社区调查部门人口数据与总统选举投票数据，建立可以评估民族数量和教育水平的逻辑回归模型和可以评估收入和基于车辆类型的选民政治倾向的岭回归模型。在一些情况下，这些结果可以应用到实践中，例如：可以通过观察和计算正在行驶中的不同类型的车辆数量来确定该城市的投票倾向。为了确认人口统计估计的准确性，将识别分析结果与 165 座城市的社区调查部门的真实数据进行比较，发现实验结果和真实数据之间有很强的相似性，说明利用谷歌街景数据中的车辆自动识别来进行社会环境方面的评估是可行的。除此之外，还可以使用街景来评估城市发展的不平衡性，研究中从谷歌街景上获取了英国四个最大的城市共 100 万幅街景图像，对四个城市进行了 12 个方面的评估（Esra et al.，2019），主要包括：居住环境、平均收入、房屋入住率、教育程度、健康状况、就业与失业率、社会安全性等。结果表明：使用街景图像对生活环境质量和平均收入进行预测评估性能最佳，在犯罪率和市民健康方面进行评估是最不准确的。街景作为一种海量且公开的数据源，可以以低廉的成本评估城市的社会、经济和政治模式，有效地补充劳动密集型的调查方法，具有实时的预测人口特征和城市发展的潜力。

图 9-10　街景图像中车辆类型识别

9.4　基于街景的城市经济环境评价

城市经济同样是一个涵盖甚广的概念，但是对于城市居民来说，主要集中在衣食住行的日常开销方面，而房价是居民长期以来十分关注的问题。房价的影响因素有很多，房屋的成本不仅取决于有形资产，如房产的大小和空间布局，还取决于无形资产，如房产的周边环境。从经济角度来看，人们愿意为无形资产买单，房屋周边环境直接影响着人们的生活体验。因此，房地产评估人员会对地产有形及无形的资产进行量化，并为其设定一个现实的价格。尽管无形的住房条件对房价有重要的影响，但系统地量化住房条件是极其困难的，主要有两个方面导致了这种困难：能够测量城市环境的定量方法很少；数据的收集成本昂贵且主观性较强。以英国伦敦为例，使用深度神经网络自动提取影像的视觉特征，如房屋的房龄、大小等来估计房价，研究结果表明该方法可以推广至其他城市（Law et al.，2019）。研究中结合伦敦的房屋属性、街道影像和卫星影像反映出的视觉特征作为数据基础，进行房屋价格预测（图 9-11）。

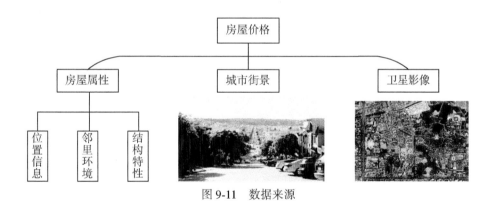

图 9-11　数据来源

在进行房价评估时，研究中使用两种模型对房价进行评估：卷积神经网络模型和线性可加性模型，这两种价格评估模型有着不同的特点。卷积神经网络模型主要用于提取街景中房屋特征进而预测房价，准确度较高。对于房地产经纪人来说，准确的定价是最重要的标准，所以他们更倾向于使用卷积神经网络模型评估房价。线性可加性模型一般用于计量经济学，在这些研究领域，分析和解释影响因素之间的关系比准确性更重要，因此线性可加性模型的使用更受到青睐。除此之外，研究者分别进行了不同的实验：将卷积神经网络和线性可加性模型分别单独与三类不同的数据源结合进行房价预测，结果显示效果完全不同，三类数据源相互结合预测房价的准确性最高。该研究的特点在于，使用房屋属性、街景与卫星影像相结合预测房价，街景影像可以反映出街道周围环境的细节内容，但是光照、遮挡、气候等影响因素并不是完全可靠。在以后的预测房价研究中，可以使用不同的数学模型找出影响因素之间的相互关系，还可以添加一些房屋内部情况以及外部一些其他的环境因素参与房价预测，例如：绿化、污染、密度等。基于城市经济环境的评估，目前研究较少，影响经济环境变化的因素很多，尤其是无法预测的人为因素，例如：商品价格、基金、股票等。

随着搭载摄像头的自动驾驶汽车越来越普遍，街景图像的获取范围也会越来越广泛，鉴于街景图像的优势，将计算机视觉技术应用于公开的街景，对城市内部环境全面的评估，无疑是一种更好的选择。然而，街景图像在拍摄时会因为光照、角度等因素影响图像质量，从而影响评估结果，因此，与遥感影像、地理标记数据等其他数据或其他技术融合使用，评估会更加准确，未来也会有其他创新的应用领域。

第10章 展　望

  作为当前测绘信息采集中最前沿的技术——移动测图技术解决了海量空间数据快速更新的问题，但同时产生了大量具有丰富特征信息和连续立体像对的图像序列，即可量测实景影像。道路实景影像作为可量测实景数据中最普遍的一种，提供了多角度的城市景观立面图像和大量可挖掘的自然及人文社会信息，填补了城市道路周围环境的可视化信息缺失，是对传统4D数据的有益补充。

  数字城市和智慧城市的建设过程中都绕不开空间信息的快速更新问题，而只有将道路实景影像中的专题信息（即目标物信息）提取出来生成结构化数据的空间数据库，才能在数字城市和智慧城市管理领域进行更广泛的应用。但是，目前对于目标物信息提取工作大部分还是由人工进行的，这就大大增加了信息提取的成本。这种目标物信息提取的局限性严重制约了道路实景影像以及移动道路测量系统进行更加广泛的应用。

  准确识别目标物进行信息提取是一个必要阶段，也是道路实景影像相关研究中一个比较有挑战性的问题。因为目标物识别的过程本身就是一个寻找目标匹配点的过程，匹配点的寻找一直都是一个难点，由于匹配路径与匹配方式的不一样，很有可能会出现一个完全不同的结果。从道路实景影像中识别目标物的方法研究，早期是在对象测量方法基础上的以各种图像匹配策略为主，主要是根据图像地理参考参数，以多基线几何原理建立识别模型对图像序列进行目标识别，从而实现信息的提取。在我们以往的项目研究中，有根据结构和运动的重建技术，通过共轭点的匹配序列实现对道路两侧交通标志、道路中心线信息的提取。但从中我们也发现，如果有个目标中某个重要的匹配点通过连续图像时无法确定，就只能手动地找到相应的三维坐标点，这样的半自动比对是非常劳心费神的工作。

  所以，这些传统图像识别手段似乎也并不是道路实景影像信息提取最终的解决方案。更可行的是在这种半自动化多种图像匹配策略识别方法之上找到一种高效率且人工干预更少的识别办法，自动准确地从道路实景影像中识别并提取目标物。于是，相关研究转向结合机器学习手段的自动化信息提取方法研究。如利用玻尔兹曼机前馈神经网络、卷积神经网络、深度信念网络等开展道路实景影像中特定对象的自动目标检测、语义分割、图像分类等。

  但是，道路实景影像中的专题信息提取不同于从单张图片中的提取——针对单张图片的各种目标识别方法都有其自身的适用范围和优缺点，所以简单地采用某种目标识别方法，如分形特征法、矩不变法、神经网络法等，在单纯识别准确性上都不会带来满意的效果。即使目标识别的准确性解决了，如何能保证自动识别的效率也是大问题。

  2006年，笔者所在单位引进了国内最早的移动道路测量系统（LD2000RM），并在道路实景影像数据采集和信息提取方面进行了大量前期研究和项目实践，积累了丰富的工程应用经验。当前，小型化集成化的传感器日新月异，精密测绘软硬件成本快速下降，道路实景影像数据精度和图像分辨率日益提高。我们相信，随着传感器技术、智能化信息处理技术的发展，道路实景影像信息提取技术也会越来越完善，提取的准确性和效率将逐渐提高，自动化的按需提取将成为道路实景影像信息提取的主流。在可预见的未来，随着移动测图技术更加广泛和深入的应用，道路实景影像的信息提取应用也将越来越广。

参 考 文 献

[1] 张晓东，刘宗毅，陈炜. 基于移动道路测量系统的地理信息采集模式探讨[J]. 测绘科学与工程，2008，000(002)：30-34.

[2] 李德仁，胡庆武. 基于可量测实景影像的空间信息服务[J]. 武汉大学学报(信息科学版)，2007，32(005)：377-380.

[3] 李德仁. 论可量测实景影像的概念与应用——从 4D 产品到 5D 产品[J]. 测绘科学，2007(04)：5-7，192.

[4] 陈小宇. 多传感器高精度同步方法及其在移动测量的应用[D]. 武汉：武汉大学，2013.

[5] 张凤. 街景影像的文字识别[D]. 北京：北京建筑工程学院，2012.

[6] 王笃越. 应用于光瞄成像的图像预处理系统设计[D]. 沈阳：沈阳理工大学，2018.

[7] 吕笃良. 基于 NSST 的遥感图像增强算法研究[D]. 乌鲁木齐：新疆大学，2017.

[8] 王帅帅. 基于街景影像的道路线提取[D]. 北京：北京建筑大学，2016.

[9] 王蓉. 图像增强算法实现[D]. 荆州：长江大学，2014.

[10] 孙家阔. 基于可量测实景的城市车道线自动提取方法[D]. 北京：北京建筑大学，2018.

[11] 杨方方. 彩色图像分割技术的研究——图像边缘检测技术的研究应用[D]. 无锡：江南大学，2009.

[12] 李明. 基于高分辨率遥感影像中舰艇目标的分割与提取技术研究[D]. 长春：东北师范大学，2008.

[13] 王国凤. 基于深度学习的可量测连续实景车道线提取的研究[D]. 北京：北京建筑大学，2019.

[14] 李化欣. 单目标优化图像重建算法的研究[D]. 太原：中北大学，2006.

[15] 刘成龙. MATLAB 图像处理[M]. 北京：清华大学出版社，2017.

[16] 王睿. 快速傅立叶变换在苹果形状识别中的应用[J]. 工业控制计算机，2012，25(07)：53-54.

[17] 张娇，胡福乔，霍宏. 基于小波变换的彩色图像压缩编码在分级传输中的应用[J]. 信号处理，2000(02)：184-189.

[18] 高扬. 白话深度学习与 TensorFlow[M]. 北京：机械工业出版社，2017.

[19] 周志华. 机器学习[M]. 北京：清华大学出版社，2016.

[20] 言有三. 深度学习之图像识别核心技术与案例实战[M]. 北京：机械工业出版社，2019.

［21］石茂清. 道路交通安全设施设计研究［D］. 成都：西南交通大学，2005.

［22］肖亚斌. 道路交通标志检测与识别研究［D］. 重庆：重庆大学，2018.

［23］王斯健，李志鹏. 基于深层神经网络的道路交通标志检测识别方法研究［J］. 科技资讯，2019，17(17)：1-4.

［24］张爱爱. 道路交通标志的检测研究［D］. 北京：北京交通大学，2015.

［25］邹冰. 道路交通标志检测与识别［D］. 长春：吉林大学，2016.

［26］赵德明. 基于小波变换的机器视觉边缘检测研究与设计［D］. 上海：上海电机学院，2016.

［27］张冲. 基于 MMS 图像的路面裂缝检测分析［D］. 北京：北京建筑大学，2017.

［28］曹佳煜. 基于图像处理的路面裂缝自动检测技术研究［D］. 西安：长安大学，2014.

［29］张丽英，裴韬，陈宜金，等. 基于街景图像的城市环境评价研究综述［J］. 地球信息科学学报，2019，21(01)：46-58.

［30］林付春，刘宇红，张达峰，等. 基于深度学习的智能路牌识别系统设计［J］. 电子技术应用，2018，44(06)：68-71.

［31］孟彩霞，王腾飞，王鑫. 基于深度残差网络的文字识别算法研究［J］. 计算机与数字工程，2019，47(06)：1487-1490，1501.

［32］胡斌. 基于图像识别的路牌信息检测方法研究［D］. 成都：电子科技大学，2012.

［33］秦玮，陈希，马原原，等. 基于数学形态学的边缘检测算法分析［J］. 信息技术，2019，43(11)：33-36.

［34］杨佳豪，董静静，袁彤，等. 一种基于图像邻域灰度变化的角点检测改进方法［J］. 纺织高校基础科学学报，2019，32(03)：337-344.

［35］潘兴楠. 基于街景影像的交通指路牌变化检测［D］. 北京：北京建筑大学，2020.

［36］赵珺. 本雅明城市美学思想及其影响研究［D］. 南京：南京大学，2019.

［37］Ye Y, Richards D, Lu Y, et al. Measuring daily accessed street greenery: A human-scale approach for informing better urban planning practices［J］. Landscape and Urban Planning, 2019, 191: 103434.

［38］廖自然. 基于街景图片机器学习技术的城市建筑风貌分类研究［D］. 南京：东南大学，2019.

［39］Apte J S, Messier K P, Gani S, et al. High-resolution air pollution mapping with Google street view cars: exploiting big data［J］. Environmental science & technology, 2017, 51 (12): 6999-7008.

［40］Li X, Duarte F, Ratti C. Analyzing the obstruction effects of obstacles on light pollution caused by street lighting system in Cambridge, Massachusetts［J］. Environment and Planning B: Urban Analytics and City Science, 2021, 48(2): 216-230.

［41］Gebru T, Krause J, Wang Y, et al. Using deep learning and Google Street View to estimate the demographic makeup of neighborhoods across the United States［J］. Proceedings of the National Academy of Sciences, 2017, 114(50): 13108-13113.

［42］Suel E, Polak J W, Bennett J E, et al. Measuring social, environmental and health inequalities using deep learning and street imagery [J]. Scientific reports, 2019, 9 (1): 1-10.

[43] Law S, Paige B, Russell C. Take a look around: using street view and satellite images to estimate house prices [J]. ACM Transactions on Intelligent Systems and Technology (TIST), 2019, 10(5): 1-19.